轻松3步
家居角落完美呈现

理想·宅 编

U0284932

海峡出版发行集团
THE STRAITS PUBLISHING & DISTRIBUTING GROUP

福建科学技术出版社
FUJIAN SCIENCE & TECHNOLOGY PUBLISHING HOUSE

图书在版编目 (CIP) 数据

轻松 3 步家居角落完美呈现 / 理想·宅编 . —福州：福建科学技术出版社，2017.3

ISBN 978-7-5335-5231-2

Ⅰ . ①轻… Ⅱ . ①理… Ⅲ . ①住宅－室内装饰设计 Ⅳ . ① TU241

中国版本图书馆 CIP 数据核字（2017）第 010537 号

书　名	轻松3步　家居角落完美呈现	
编　者	理想·宅	
出版发行	海峡出版发行集团	
	福建科学技术出版社	
社　址	福州市东水路76号（邮编350001）	
网　址	www.fjstp.com	
经　销	福建新华发行（集团）有限责任公司	
印　刷	福建地质印刷厂	
开　本	787毫米×1092毫米　1/16	
印　张	10	
图　文	160码	
版　次	2017年3月第1版	
印　次	2017年3月第1次印刷	
书　号	ISBN 978-7-5335-5231-2	
定　价	39.80元	

书中如有印装质量问题，可直接向本社调换

前言
Preface

　　家居角落是相对于客厅、卧室等家居大空间而言的小空间，可以通过对其进行设计，体现出家居的温馨感，并体现出居住者对家居细节的高要求。一般来说，家居角落包括餐桌区、飘窗、沙发区、阁楼、吧台、玄关和楼梯。

　　本书从色彩、材料和软装布置三大方面，对家居角落的设计及布置做了循序渐进的讲解。不仅令读者了解到角落设计的要点，同时也了解到色彩、材料和软装的基础常识，并通过大量的案例图片辅助说明角落设计的精髓与亮点。对于追求完美家居生活的人来说，掌握了这些家居角落设计的好创意，不仅丰富了角落空间的表情，同时也令家居空间的整体装修得到加分。

　　参与本书编写的人员有：叶萍、杨柳、武宏达、赵利平、卫白鸽、李峰、王广洋、王力宇、梁越、李小丽、王军、李子奇、于兆山、蔡志宏、刘彦萍、张志贵、刘杰、李四磊、孙银青、肖冠军、安平、马禾午、谢永亮、李广、周彦、赵莉娟、潘振伟、王效孟、赵芳节、王庶。

目录
Contents

第一步

角落吸睛焦点，交给色彩来决定

要点 1 色彩的基础知识

要点 2 家居角落的色彩搭配方案

要点 1

色彩的基础知识

在家居角落搭配设计中，色彩是最直观地影响角落感受的因素，想要呈现完美的家居角落也要从了解色彩的基础知识开始。通过色彩的基本元素，逐步认识色彩的种类、冷暖，了解每种颜色的情感意义，了解不同色彩搭配的类型及运用，并用最简洁和通俗的语言将知识直观地传达出来。

色彩的组合

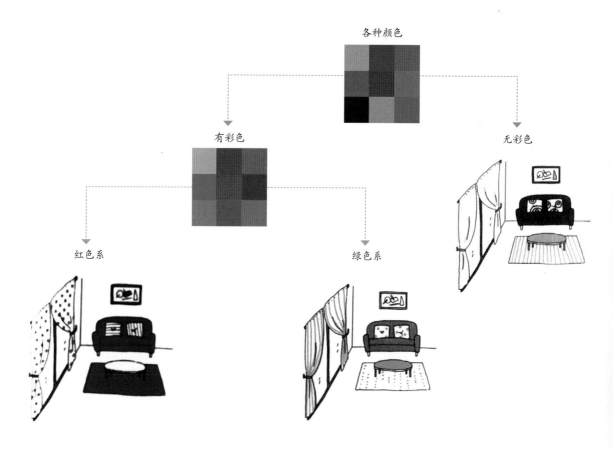

各种颜色

有彩色　　　　　　　　　　无彩色

红色系　　　　　　　　　　绿色系

色系

有彩色系

　　有彩色系是指除黑、白、灰以外的色彩。色彩学上根据人们对色彩的心理感受，把能够让人们联想到火焰及阳光的颜色定为暖色系，包括红、橙、黄；把能够使人们联想到大海、天空的颜色定为冷色系，包括青、蓝，使人们感觉不冷不暖的色彩定为中性色，包括紫、绿。

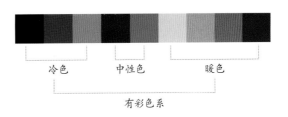

冷色　　　中性色　　　暖色

有彩色系

◎冷色系特点：冷色能够营造出宽敞、优雅的家居氛围，让人们回归到安逸愉悦的氛围中。冷色系具有收缩感，能够使房间显得宽敞。

◎暖色系特点：暖色能够营造出温暖、亲近的家居氛围，能够缓解阴冷感，使人感觉舒适。暖色系具有膨胀感，是前进色，能够使房间的面积缩小。

◎有彩色系的运用

　　使用以暖色为主的软装饰，能够避免空旷感和寂寥感。用冷色软装饰，在视觉上可让人感觉大些；也可以让人口多的家庭显得安静一些。中性色作为软装主色时，小空间适合高明度的中性色，空旷的空间适合低明度的中性色。

无彩色系

　　无彩色系就是常说的无色系，指除了彩色以外的其他颜色，常见的有黑、白、银、金、灰，彩度接近于 0，明度变化从 0 到 100，银色也属于灰色变化的一种。通常来说，单独的无色系没有强烈的个性，多作为背景色使用，但无色系内部的色彩搭配起来可构成强烈的个性。

只有灰色具有明度变化

黑色　　　　　无彩色系　　　　　白色

◎无色系组合适合的家居风格：如现代简约风格、前卫风格、现代中式风格、新古典风格等风格中，均有无色系装饰作为代表的类型案例。

◎无彩色系的运用

　　无色系的配色，基本上没有对居室面积的限制，且可以与任何其他色相搭配。仅在无色系范围内做软装搭配，就可以塑造出极具时尚感和前卫感的氛围。

色彩三要素

色相

色相即各类色彩呈现出来的色彩相貌，是色彩的首要特征，是区别各种不同色彩的最准确的标准。色相的特征决定于光源的光谱组成以及有色物体表面反射的各波长辐射的比值对人眼所产生的感觉。任何黑、白、灰以外的颜色都有色相的属性，如红、黄、橙、绿、蓝、紫等，色相是由原色、间色和复色构成的。

 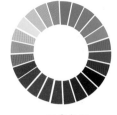

12 色相环　　　　　24 色相环

◎色相环

色相环内位于 30° 内的色相互为类似色，60° 内的互为临近色，120° 内的互为对比色，180° 直线上的两色为互补色。

明度

明度指色彩的明暗程度，同一色相会因为明暗的不同产生不同的变化，也就是色彩的明度变化。比如，黄色在明度上变化能够得到深黄、中黄、淡黄、柠檬黄等不同黄色，红色在明度上变化能够得到紫红、深红、橘红、玫瑰红、大红、朱红等不同红色。通过调节色彩的明度可以调整角落空间的光线变化。

低明度 ⟷ 高明度

◎明度变化

明度最高的是白色，最低的是黑色，色彩中加入黑色明度变低，加入白色明度变高。

纯度

纯度指色彩的鲜艳度，也称饱和度或彩度、鲜度。不同的色相不仅明度不同，纯度也不相同。高纯度色相加白或黑，可以提高或减弱明度，但纯度都会降低，如加入灰色，也会降低色相的纯度。色彩的纯度可以让角落空间的层次感更明显，也让色彩的内涵更加明显。

高纯度 ⟷ 低纯度

◎纯度变化

三原色的纯度最高，所有纯正的色彩均为高纯度，调入其他色彩则纯度降低。

专题：常见的色彩印象

纯度、明度、色相的变化使色彩的视觉印象发生变化，掌控这些微妙的变化是成功配色的第一步。下面列出了一些空间常用的配色印象，用不同的色彩组合塑造不同的氛围。

轻快

自然

现代

清爽

浪漫

古典

动感

优雅

华丽

时尚

色彩的搭配

单色搭配（同相型搭配）

同相型指采用同一色相中不同纯度、明度的色彩搭配的配色方式。这种搭配方式比较保守，具有执着感和人工性，能够形成稳重、平静的效果，带有幻想的感觉。相对来说，也比较单调，感觉比较排外。

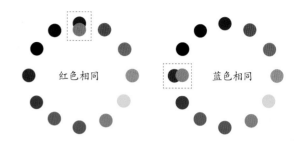

红色相同　　　　蓝色相同

◎不同明度的同种色相搭配使用：将一种色相不同明度、纯度的色彩搭配使用在角落空间时，能够形成稳定、使人安心的氛围，也能够强化此种色相的情感特征。

两色搭配

① 类比型配色

它指用色相环上相邻的色彩搭配的配色方式。它比同相型配色的色相幅度有所扩大，仍具有稳定、内敛的效果，但会使角落空间更开放、活泼一些。

12 色相环等分 12 份　　　24 色相环等分 24 份

② 冲突型配色

它指将一对互补色搭配的配色方式。特点是比较开放、活泼，色相差大，对比度高，效果具有强烈的视觉冲击力，能够使角落空间给人留下深刻的印象。

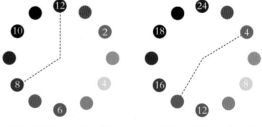

12 色相环等分 12 份，跨色调相差 4 份、5 份为冲突型。　　　24 色相环等分 24 份，跨色调相差 8 份、10 份为冲突型。

③ 互补型配色

它指在色相环上位于 180° 直线上的两色搭配的配色方式。其形成的氛围与冲突型类似，但冲突性、对比感、张力更强，更华丽、紧凑、开放一些。

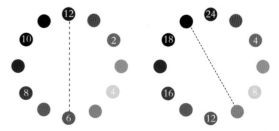

位于一条直线上的两种色相搭配为互补配色。

三角形搭配

三角形配色是指采用色相环上位于三角形位置上的三种色彩搭配的配色方式。最具代表性的是三原色即红、黄、蓝的搭配，它们组成的是正三角形，被称为三元素组合，具有强烈的动感。三间色的组合效果更为温和一些。

◎加入明度或纯度变化丰富层次：在进行三角形配色时，可以尝试一种作为纯色，另外两种选择明度或纯度有变化的色彩，既能够降低角落空间配色的刺激感，又能够丰富空间配色的层次。

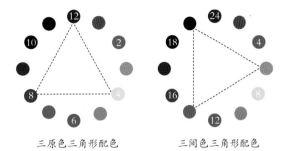

三原色三角形配色　　　三间色三角形配色

多色搭配

① 四角形配色

它指将两组类比型配色或者互补型配色相搭配的配色方式。醒目、安定同时又具有紧凑感，比三角形配色更开放、活跃。是在一组类比色或补色的基础上再加上一组同类配色，是冲击力最强的配色类型。

◎以点缀用的软装来呈现效果更舒适：在角落空间可以尝试以点缀的软装或者本身包含四角形配色花纹的软装来呈现，比起使用较大件家具采用四角色搭配的方式，更容易获得角落空间舒适的视觉效果。

② 全相型配色

它指无偏颇地使用全部色相进行搭配的配色方式，是所有配色方式中最为开放、华丽的一种，使用的色彩越多就越自由、喜庆。通常使用的色彩数量有五种，就会认为是全相型。

◎配色要点：选取的色相在色相环上位置要尽量没有偏斜，如果冷色或暖色选取过多，容易变成冲突型或类似型。

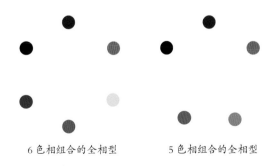

类比型＋类比型　　　互补型＋互补型

6色相组合的全相型　　　5色相组合的全相型

色彩在空间中的作用

空间色彩印象

① 色彩引领空间氛围

在家居角落空间中，占据最大面积的色彩，其色相和色调对整个角落空间的风格和气氛具有引领作用。因此，在进行一个角落空间的配色时，可以根据所需要的氛围来选择色彩，首先确定大面积色彩的色相，根据情感需求调节其明度和纯度，而后进行其他色彩的搭配，副色的选择对角落氛围的塑造也是非常重要的。

淡雅的色彩柔和

厚重的暖色华丽

暗沉的色彩严肃厚重

纯色欢快活力

明色调明朗、愉悦

微浊的色调高级

高明度的暗色稳定

厚重的冷色刚毅

② 色相与色彩印象

不同的色相给人的感觉是不同的，比如不同纯度或明度的冷色给人或清爽或暗沉的感觉，而暖色则给人或温暖或厚重的感觉；粉色让人感觉浪漫，而紫色让人感觉神秘，绿色让人感觉自然等。

橙色热情活泼

蓝色清爽冷静

紫色高贵神秘

红色热烈

紫红色妩媚娇美

绿色充满生机

黑、灰色刻板时尚

黄色温暖、愉悦

③ 色彩的对比

角落空间中的色彩不是独立存在的，这些色彩之间的对比也会左右整个空间的色彩印象。对比包括色相的对比、明度的对比和纯度的对比。

◎配色要点：增强色彩之间的对比，可以塑造出具有活力的色彩印象，反之，减弱色彩之间的对比则会给人高雅、绅士的感觉。想要塑造空间活力感，就要提高色彩之间的对比关系；想要塑造空间的一些平和感，就要减弱各色彩之间的对比关系。

色相对比

高对比

低对比

明度对比

高对比

低对比

纯度对比

高对比

低对比

色彩在空间中的四种角色

① 背景色：奠定空间基调

背景色是角落空间中占据最大面积的色彩，它引领了整个角落空间的基本格调，起到奠定空间基本风格和色彩印象的作用。在同一角落空间中，家具的颜色不变，更换背景色，就能改变角落空间的整体色彩感觉。

② 主角色：构成中心点

主角色是占据角落空间中最为中心点的色彩。多数情况下由大型家居或一些室内陈设、软装饰等构成的中等面积色块，具有重要地位。

◎主角色选择可以根据情况分成两种：若想获得具有活跃、鲜明的角落视觉效果，选择与背景色或配角色为对比的色彩；若想获得稳重、协调的空间效果，则选择与背景色或配角色类似，或同色相不同明度或纯度的色彩。

③ 配角色：衬托主角

角落空间的配角色通常在主角色旁边或成组的位置上，配角色的存在，通常可以让空间显得更为生动，能够增添活力。因此，配角色通常与主角色存在一些差异，以凸显主角色。配角色与主角色呈现对比，则显得主角色更为鲜明、突出，若与主角色临近，则会显得松弛。

④ 点缀色：生动的点睛之笔

点缀色是指角落空间中体积小、可移动、易于更换的物体的颜色。点缀色通常是一个角落空间中的点睛之笔，用来打破配色的单调，在进行色彩选择时通常选择与所依靠的主体具有对比感的色彩，来制造生动的视觉效果。

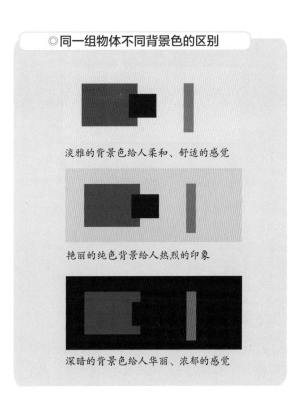

◎同一组物体不同背景色的区别

淡雅的背景色给人柔和、舒适的感觉

艳丽的纯色背景给人热烈的印象

深暗的背景色给人华丽、浓郁的感觉

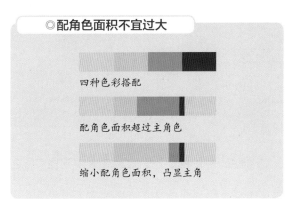

◎配角色面积不宜过大

四种色彩搭配

配角色面积超过主角色

缩小配角色面积，凸显主角

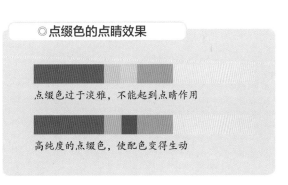

◎点缀色的点睛效果

点缀色过于淡雅，不能起到点睛作用

高纯度的点缀色，使配色变得生动

要点 2
家居角落的色彩搭配方案

色彩是家居角落给人的最直观的感受，角落中的色彩搭配方案也是多种多样。纯色系的色彩能够简单直接地表达色彩感受，更直观地体现角落环境的特点。两色的对比搭配则是通过比较来互相衬托角落的色彩感受。多色搭配通过不同颜色的组合，丰富角落空间，同时通过明度、比例的改变来调节角落的环境感受。

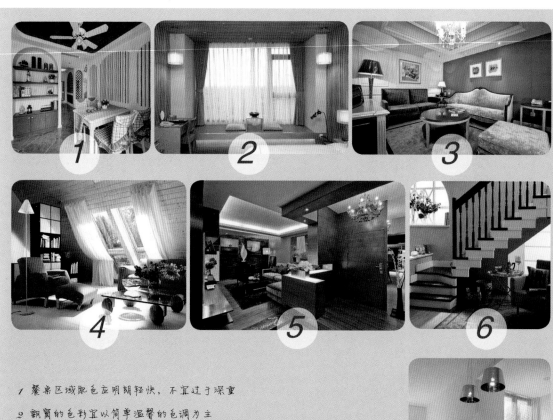

1 餐桌区域配色应明朗轻快，不宜过于深重

2 卧室的色彩宜以简单温馨的色调为主

3 沙发区的色彩要大气，不宜过于繁杂

4 阁楼区的配色要明亮舒适，避免产生压抑感

5 明亮的色彩最适合玄关环境

6 楼梯色彩是楼梯环境的重要角色

7 吧台配色要考虑吧台的位置和功能

餐桌区域的色彩搭配

餐桌区域的色彩可因人而异

餐桌区域的色彩因个人爱好、文化修养和性格不同而有较大差异。年轻人大多喜欢活泼跳跃的色彩，但中老年人可能更偏好中性稳健的色调。但总的说来，餐厅色彩宜以明朗轻快的色调为主，像是红色、橙色、绿色、蓝色等，这样的色彩可以让人感到温暖，有亲切感。

餐桌区域的色彩搭配要合理

餐桌椅宜选调和的色彩，尤以天然木色、咖啡色、黑色等稳重的色彩为佳，应避免使用过于刺激的颜色。如果餐厅家具的颜色较深，可用明快清新的淡色或蓝白、绿白、红白相间的台布来衬托。

地面是餐桌区域的背景色

地面与餐桌椅在选材与选色上不可等闲视之，应使两者能相互衬托，相映成趣。如在红色地面上就不宜再放置红色的餐椅，在花色的地毯上也不宜再铺设带鲜艳图案的台布，否则会造成视觉上的杂乱无章之感。另外，餐厅的地面一般可以采用略深的色彩，墙面可用中间色调，天花板的色调则可以略浅，以增加稳重感。

(Case) 案例解析：蓝色系在餐桌区域的运用

深浅蓝色搭配增添空间视觉层次

　　相对浓烈的蓝色用做重点色，搭配其他柔和的背景色，使餐桌空间"动"起来，就餐环境显得明快、愉悦。

浅蓝色的餐区背景简洁温馨

　　蓝色的墙面可以减弱部分强光，营造舒适、凉爽的就餐环境。墙面的餐具装饰与墙面形成色彩对比，让环境变得更加温馨。

◎配色禁忌

蓝色系的餐桌配色，表现的是安静、踏实的环境氛围。配色时应避免过多地使用暖色调特别是厚重的暖色，若在面积上或者视觉注意力上超过了蓝色系的主体地位，容易喧宾夺主。也要尽量避免用暗浊色做墙面背景色，以免让人感觉阴暗。

暖色调的面积和蓝色面积一样，蓝色调主次不清楚

厚重的色彩做背景色，使用大面积的蓝色也不突出

浑浊的色调做背景色，蓝色也失去了特点，显得阴暗、不安定

Case 案例解析：黄色系在餐桌区域的运用

明黄色的背景使餐区环境更愉悦

餐厅中用明亮的黄色做背景色，整个环境明亮又不过分活泼，这样的环境能够促进人的食欲，使人感觉愉悦、兴奋。

黄色墙面是顶面和地面良好的过渡色

墙面采用温暖的鹅黄色，和地板、顶面有了区分，分出层次感，否则看上去会感觉过于拥挤。再搭配一些简单时尚的家具，使餐区整体效果看起来更舒服。

◎配色禁忌

黄色系的餐桌区域表现的是一种自然、舒适的就餐氛围。因此，大面积的暖色不宜过多搭配使用，特别是过于厚重的暖色，会使环境太过热烈。这些艳丽的色彩，仅可作点缀来装扮环境。

没有黄色的搭配，缺乏活力感

灰色和黑色搭配米黄色显得过于刻板

不同明度的黄色营造温馨的餐区

不同深浅不同明度的黄色搭配，不会影响整体餐区的意境。不同明度的黄色也使餐区环境更加温馨。

浅黄色背景搭配表现田园风格餐区

大面积的白色和鹅黄色使餐区有了层次，符合餐区风格特点，也使得田园风格的家具显得十分突出。

大面积的黄色显得餐区干净明亮

黄色作为墙面的背景色，干净明亮，搭配复古的灯具、家具以及照片墙设计，整个餐区温馨而时尚。

Case 案例解析：绿色系在餐桌区域的运用

深浅绿色搭配充满视觉变化

绿色系空间具有令人情绪稳定、平静的效果。餐桌区域用不同深浅绿色相互交错使用，令视觉效果呈现出多样变化。

强烈对比色带来活泼氛围

餐桌区域的座椅和植物均选择绿色系，并用红色系的小面积搭配，强烈的对比色令空间更为活泼、有个性。

◎配色禁忌

绿色系的餐桌区域表现的是一种自然的、充满生机的舒适氛围。因此，大面积的冷色不宜过多搭配使用，特别是过于厚重的冷色，太过冷峻，缺乏舒适感。另外，艳丽的色彩，如黄色、红色等，也不宜大面积地使用，可作点缀。

大面积冷色调掩盖了绿色的自然气息

自然舒适的绿色搭配

(Case) 案例解析：双色搭配在餐桌区域的运用

蓝色和红色的对比带来活泼的氛围

相对浓烈的蓝色用做重点色，搭配其他柔和的背景色，使餐桌空间"动"起来，就餐环境显得明快、愉悦。

红绿组合营造山野意境

植物的绿色强调了墙面的绿色，以木质地板作为背景，搭配红色的窗帘以及实木家具，使餐区环境有了些许山林原野的意境。

◎配色禁忌

高纯度的红色、橘色具有积极、向上的感觉，作为点缀色能够起到促进食欲作用，但应避免使用厚重的、暗沉的红色，以免使餐桌环境显得厚重压抑。且黑色、灰色相对刻板，同样也不适合与活泼明亮的暖色色彩进行搭配。

暗沉的红色显得厚重压抑

黑色、灰色过于呆板，没有愉悦感

飘窗区域的色彩搭配

飘窗区域的色彩要显得轻松舒适

飘窗整体设计简单，主要功能是休闲，飘窗区域的色彩要适应飘窗的休闲功能。明亮的暖色调展现活泼跳跃休闲空间；色彩柔和的飘窗环境，能够让人更好地放松。但总的说来，飘窗的色彩宜以简单温馨的色调为主，像是黄色、橙色、粉色、白色等，这样的色彩可以让人更容易放松。

飘窗区域的色彩可以搭配软装来调节

布艺软装是飘窗最常使用的家居装饰，也更能直观地展现飘窗的色彩环境。不同颜色的软装能够体现飘窗的环境感受。比如，色彩温馨的软装能够让飘窗环境更好地融入整体家居环境，也更容易产生舒适的感受；无色系的飘窗软装设计，让飘窗环境变得冷静，给人独立思考的空间。

飘窗区域的色彩搭配要结合居室大环境

不管是客厅飘窗还是卧室飘窗，飘窗的色彩搭配一定要与居室的大环境相适应，在居室环境的色调基础上，选择相同或相近的色彩装扮飘窗，避免飘窗环境与居室环境没有融合。同时也要避免大量同色的运用，以免淹没飘窗的功能特点。

Case 案例解析：无彩色系在飘窗区域的运用

黑白色飘窗带来简单大方的室内环境

黑白色的飘窗色彩与卧室环境相呼应，简单的色彩提升了飘窗环境的格调。

白色飘窗令空间时尚而明亮

整个卧室环境都为白色，飘窗也与环境一致，而在设计手法上利用线条使整个空间具有时尚感。

◎配色禁忌

灰色、黑色、白色等无色系色彩，容易形成简约时尚的风格。但是这类色调不宜过于浓重，尤其是黑色和灰色大面积的使用，会产生过于严肃、沉闷的环境特点。需要结合空间的一些特点或使用一些线条、造型的处理，来打破沉闷的环境感受。

大面积的黑灰色过于沉重，没有活泼感

灰色的明度介于黑、白色之间，加入飘窗环境中，能够强化时尚感，还可以增添层次感

(Case) 案例解析：蓝色系在飘窗区域的运用

通过深浅蓝色的对比突出飘窗层次

　　飘窗的环境十分静谧，蓝色的不同梯度将展现空间层次感。蓝色空间具有静谧的特点，层次的变化使之多了几分温馨。

色彩与造型对比带来时尚感

　　卧室大环境的色彩比较浓郁，飘窗的设计又多了几分活泼、俏皮。个性的造型表现飘窗的特点，浅蓝色与卧室环境呼应，同时也让环境变得安静。

◎配色禁忌

蓝色能够传达出宁静的氛围。但是在进行具有温馨感的飘窗环境配色时，应避免大量使用蓝色，蓝色可用作点缀，来表现环境的安静气氛。大面积的蓝色调容易让环境失去温馨感，作为环境背景也很容易改变环境氛围。

大面积的蓝色没有温馨感　　　　　以蓝色为背景也缺乏温暖的感受　　　　　以蓝色作为点缀，温暖的感受也并不显著

Case 案例解析：红色系在飘窗区域的运用

红色窗帘呼应室内环境

飘窗使用简单的红色来呼应室内的环境色彩，简单的红色点缀，在浅色调的背景色中显得尤为突出。

红色的点缀具有稳定感

飘窗上红色的点缀使环境具有安定感，飘窗环境也显得沉稳许多。而红色在木色的地板背景色中，也显得极为低调。

◎配色禁忌

红色在飘窗中只起到点缀的作用，大面积使用容易产生压迫感。因此，尽量避免大面积地使用红色系，搭配时也应避免调入灰色调的浊色以及深暗、厚重的色彩，防止产生压抑的视觉感受。

大面积的红色搭配厚重的色彩，显得十分沉闷

大面积使用浅色使空间看起来更宽敞，也使红色更突出

Case 案例解析：紫色系在飘窗区域的运用

飘窗色彩迎合卧室环境

　　紫色的窗帘，白色的飘窗台面与卧室中的紫色床品、白色家具有了色彩上的呼应，也保证了整个卧室环境的整体性，使飘窗环境与大环境完美融合。

浅色窗帘过渡飘窗与卧室环境

　　整个居室环境以浅色为主，不同明度的紫色作为环境点缀，十分吸引人们的视线。选择浅色的窗帘过渡飘窗和居室环境，使环境层次和功能区域的区分更加明显。

◎配色禁忌

　　紫色高贵、典雅，沉稳的紫色可促进睡眠，浅紫色则活泼一些。不同明度的紫色可以表现不同的环境特点，浪漫温馨氛围使用的是柔和的淡色调，而复古感依靠的是深暗的暖紫色，如果分不清楚或者把主要色相放错了位置，风格就会产生较大的变化。

Case 案例解析：多色搭配在飘窗区域的运用

三色对比增加飘窗空间感

利用差异较大的绿色和红色与蓝色做对比搭配，小飘窗环境与室内空间连成一体，不同色彩的空间也显得更加独立。

利用不同色彩的不同明度来凸显层次

不同的蓝色彰显了不同的空间区域，蓝色的纱帘与花纹壁纸、灰色窗帘又形成了多变的层次，让小飘窗环境也有了幽深的感觉。

◎配色禁忌

飘窗的环境空间一般都比较小，利用色彩的变化能够表现环境的层次，但是过于繁杂的色彩也会使空间显得杂乱。利用多种颜色搭配时，应注意调节色彩的明度和面积，以表现空间的层次。

沙发区域的色彩搭配

沙发区域的色彩可因人而异

沙发区域的色彩因居室风格、个人爱好和性格不同而有较大差异。古典风格的居室沙发多为厚重的色彩，比较适合中老年人的生活习惯和爱好。现代风的沙发环境比较简洁，色彩使用上简单明朗，是年轻人比较推崇的色彩形式。总体说来，沙发区域的色彩宜以舒适温馨的色调为主，色彩大气，展现客厅的中心环境特色。

沙发布艺色彩体现环境整体美

对于沙发区域这个重要的休憩场所，有必不可少的一部分色彩需要多加注意：织物。沙发区域的布艺织物包括帷幔、沙发套、靠垫、地毯、挂毯等。这些织物不仅具有实用功能，还可以通过其色彩，增强区域的艺术个性和气氛。选用织物的色彩，应考虑与沙发环境相协调，体现环境的整体美。

沙发区域的色彩搭配要合理

沙发案几的色彩应保持一致或有呼应，保证形式上的统一。案几宜选用浅色或柔和的色彩，应避免使用过于刺激夸张的颜色。如桌椅颜色较深色，可用明快清新的台布衬托。沙发的色彩也不应夸张，以温馨的色彩为主，营造舒适的休闲沙发区域。

墙面是沙发区域的背景色

墙面的色彩是沙发区域选色的重中之重，色彩上应使墙面和沙发能相互衬托。一般墙面都为浅色，这样沙发的色彩就不宜布置得过浅。同时还应避免二者撞色，使沙发在环境中不易区分出来，也影响空间整体的层次感。墙面可用中间色调，天花板的色调则可以略浅，以增加空间的稳重感。

Case 案例解析：蓝色系在沙发区域的运用

简单的配色凸显蓝色的清新

客厅大环境都为白色，从而使蓝色的沙发显得尤为突出，在白色的衬托下，蓝色的沙发也充满了清新的感觉。

适当的点缀更显蓝色的静谧

单纯的蓝白色环境显得单调，红色的抱枕以及葱绿的植物作为点缀，更加突出了蓝色沙发的静谧和舒适。

◎配色禁忌

蓝色能够塑造沙发区域的清新感，但是如果仅有冷色调会失去温馨感，显得过于冷硬。塑造清新氛围的客厅，暖色调的比例和地位就显得尤为重要。应尽量避免将暖色调作为背景色和主角色使用，如果暖色占据主要位置，则会失去清爽感。

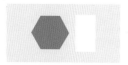

浅黄色为背景色，蓝色为主角色，失去清新感

浅蓝色为背景色，主、配角色为暖色，没有清新感

背景配色为冷色，暖色为主角色，清新感不显著

Case 案例解析：红色系在沙发区域的运用

通过色彩对比突出沙发区域

以鲜艳的红色为主，白色作为背景，凸显红色的干净温暖，也通过色彩的对比，形成活跃感。

大面积的红色也能形成风格

大面积的红色最能体现古典中式风格的家居环境，从沙发到墙壁，热烈的红色也在细节处体现着古典中式家居环境的雅致。

◎配色禁忌

活力氛围的客厅主要依靠明亮的红色色相为主色来营造，冷色系加入作调节可以提升配色的张力。但若以冷色系或者暗沉的暖色系为主色，则会失去活力和休闲的氛围。

暗沉的色调或平和或华丽，缺乏活力

(Case) 案例解析：无彩色系在沙发区域的运用

灰色沙发充满时尚感

利用墙面的木色作对比，灰色的沙发在环境中更有质感，黑色的点缀装饰也使环境更有生活气息。

利用环境过道来区分颜色

客厅空间较大，沙发和墙面撞色，既能够形成呼应同时也丰富了客厅空间的视觉感受。

◎配色禁忌

无色系的沙发色彩能给人冷峻、具有力量感的印象，如果加入过多的暖色，会使空间色彩失去刚毅的感觉，过度的暖色也让环境显得不伦不类。

冷峻的视觉感受　　　　　　　　　淡雅的主体色，显得温柔

(Case) 案例解析：黄色系在沙发区域的运用

利用渐变使色彩从相近色中跳出

明度略低的棕色作为背景角色，用近色的渐变搭配丰富层次感，统一而又不单调。

利用暖色装饰使明亮的空间变得温暖

明亮的暖色调构成空间的主要部分，塑造出温暖、轻松的整体氛围，搭配红、绿色的软装饰，融入了些许活跃感。

◎配色禁忌

黄色使人感觉温暖，表现出平和而又舒缓的氛围，配色时不宜过于活跃、激烈，或者过于沉闷，主体采用类似型配色更能表现应有的氛围。

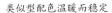

类似型配色温暖而稳定　　　　冷色为背景失去温暖感　　　　冷色为主角色，温暖感也不显著

Case 案例解析：双色搭配在沙发区域的运用

不同明度的色彩碰撞出时尚的风格

低明度的灰色和高明度的黄色色彩上有明显的差异，又通过明度的对比，突出了色彩的对比，整个沙发区分隔成明暗两个区域，稳重又活泼。

明亮又柔和的色彩对比凸显沙发区域的清亮感受

黄色与白色是沙发区域的主要色彩，顶面与地面设计为白色，墙壁使用温暖的黄色装扮，空间格局更大，环境也更有层次、更清晰明亮。

◎配色禁忌

打造温暖的家居环境使用暖色装扮沙发区时，应避免两种以上的亮色出现，以免使沙发区域色彩分不清主次。两种以上的暖色应采用一种作为主色，其他的作为点缀出现来丰富沙发区环境，这样既不会使沙发区域显得单调，同时也不会显杂乱、压抑。

阁楼区域的色彩搭配

阁楼区域的配色因阁楼的面积和用途而异

阁楼区域的用途因人而异，阁楼的色彩也因阁楼的不同用途有不同的原则，阁楼的色彩是要更好地为阁楼功能服务。像是用作小客厅的阁楼，是聚会聊天的好地方，配色应当明亮活泼；用作卧室的阁楼，色彩以舒适温暖为主，保证良好的睡眠质量；而采光好的阁楼作为书房，空间色彩应当要显得安静，有助于思考。

阁楼区域的配色可以结合特殊的建筑特点来进行

不同的空间建筑特点，人们对其中的色彩感受也会不一样。阁楼的建筑形式多样，结合尖顶、斜面、不规则的建筑特点加以利用，能体现出更多的空间色彩创意。尖顶的屋顶多显得高耸，深色的顶面可以降低屋顶的视觉感受，这样的顶面也更具家的感觉。斜面的阁楼也比较常见，一边高一边低的特点，使空间有了多边形，浅色的顶面没有压迫感，空间也会变得更加温馨。

阁楼区域空间狭小背景色选择要慎重

阁楼空间一般都比较狭小，选好阁楼的背景色能够增加阁楼的宽敞感。基于阁楼的采光条件，过于深沉的颜色会使阁楼空间更加压抑，不利于阁楼活动的开展。选择简洁明快的颜色也会让空间明亮，例如有白色、明黄色等。一些具有收缩感的色彩可以应用为阁楼的背景色，例如蓝色等，让本来狭小的阁楼显得较宽敞。

阁楼区域的家具配色要合理

阁楼空间有限，家具都比较少，配色以舒适为主。家具的选择以色彩温馨舒适的布艺织物为主，应选择时尚简单的小型桌椅，色彩要有明显的对比，以丰富阁楼空间的层次，避免阁楼显得拥挤。

Case 案例解析：蓝色系在阁楼区域的运用

统一的蓝色强调空间整体的安静舒适

　　蓝色空间有让人心情平静的效果，纯净的蓝色铺满整个阁楼，透亮、清新的蓝色显得阁楼卧室格外舒适。

相似色共同营造舒适空间

　　明度较浅的蓝色阁楼，使用同样柔和的米色布艺织物来装扮，共同表达空间的宁静舒适之感。

◎配色禁忌

阁楼空间较小，使用蓝色来传达宁静的空间感。使用高纯度的蓝色，容易使空间变得压抑。过于繁杂的色彩出现，也会使空间变得嘈杂。还应尽量避免多色的碰撞，以免破坏空间的静谧气氛。

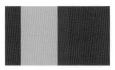

高纯度蓝色冷硬，而不透彻

黄色背景搭配浅蓝色，显得梦幻

过于厚重，不够透彻，没有清凉感

(Case) 案例解析：黄色系在阁楼区域的运用

明亮的黄色温暖活泼

　　阁楼用作儿童房，明亮的黄色符合儿童的成长要求。温馨的黄色提高了明度，整个空间显得更加活泼。

低明度的黄色舒适安静

　　降低黄色的明度，整个空间少了些许活泼，多了一些沉稳和舒适，也符合阁楼卧室的功能特点。

◎配色禁忌

高明度的黄色本身就比较活泼，若再搭配过多鲜艳的暖色调，整个空间会显得过于杂乱。黄色作为大面积的背景色应将明度降低，突出阁楼中的主要装饰色彩。

(Case) 案例解析：绿色系在阁楼区域的运用

阁楼的绿色墙面令空间充满自然气息

青翠的绿色明亮活泼，体现年轻时尚的环境特点。色彩的对比使墙角的建筑线条更加明显，阁楼环境也充满了童趣。

绿色＋自然光线，是阁楼最好的配色

绿色的阁楼顶面具有明显的提示作用，明亮的色彩也表现出有活力的阁楼环境，随着光线的强弱变化也呈现出阁楼环境的多样化。

◎配色禁忌

绿色系的阁楼区域表现的是一种自然的、充满活力的环境氛围。过于厚重的冷色，太过冷峻，缺乏舒适感，不适宜用作搭配。比较鲜艳的色彩，如大红色等，也不宜大面积地使用，可仅作点缀装饰环境。

色彩均衡，主色不突出　　　　颜色搭配活泼开朗

吧台区域的色彩搭配

吧台的配色要适合大空间环境的特点

吧台在家居空间中起到的作用有很多，有分隔、增加休闲空间、实用功能等作用，在设计吧台颜色时，必须将吧台看作是完整空间的一部分，而不单只是一件家具来进行整体的配色。好的吧台色彩能将吧台更好地融入家居空间，更好地为生活服务。吧台作为居室大环境的一部分，服从整体环境的配色方案，与环境过于跳脱的色彩也会破坏居室的整体风格。

吧台配色要考虑吧台的位置和功能

吧台在居室的位置并没有特定的规则可循，通常都会利用一些零散的空间，所以配色时要考虑吧台在居室中的位置功能。

客厅吧台：作为休闲空间，色彩可以时尚温馨，作为客厅空间隔断，颜色应与环境有对比，凸显空间区域。

玄关吧台：一般都与玄关鞋柜、衣柜成为一体，设计配色时要注意与颜色风格的统一。

餐厅吧台：色彩不应过于热烈、跳脱，以免影响人们就餐的食欲。另外，餐厅吧台色彩应与餐厅环境相适应，配色时宜使用温馨温暖、明度较低的色彩。

厨房吧台：厨房吧台的配色与厨房家具色彩相呼应，应避免过于跳脱又杂乱的配色。

◎吧台要吻合空间色彩走向

如果将吧台当作是家居环境空间的主体时，便要仔细设计空间内的色彩动线走向。良好的色彩线条设计具有引导性，无形中使吧台环境更加舒适。

Case 案例解析：红色系在吧台区域的运用

红色吧台有效地区分了空间的功能

红色的吧台与客厅墙面的一体化造型，让吧台完全融入客厅环境中去。同时通过色彩的区分也让客厅环境的功能区有了明显的划分。

酒柜与吧台形成独立完整的小空间

酒柜与吧台的配色一致，同为明度较高的暗红色，风格上也完全统一。墙面背景采用同色系、明度较低的砖红色，在浅色的居室环境中，形成了独立别致的小空间。

◎配色禁忌

红色在环境中比较突出显眼，大面积的运用搭配时与同样明亮且反差较大的绿色、蓝色等搭配时会失去各自色彩所表达的情感涵义。运用配色时与同色系、不同明度的色彩组合运用，减少色彩跳跃，有助于表达色彩情感。

同色系的红色搭配既有层次也不显得杂乱

Case 案例解析：无彩色系在吧台区域的运用

白色的厨房吧台营造干净、整洁的空间

白色的厨房环境干净整洁，白色的吧台也使厨房环境充满了时尚感。搭配亮色的点缀，整个厨房时尚而有层次。

白色的多功能吧台令书房更显清新

书房中的吧台具有书桌的功能，白色调简单大方，使书房环境显得更加清新，浅色的书架在书房中也更加突出。

◎配色禁忌

无色系的吧台搭配以白色为主，大面积的白色能够表现环境的时尚感，同时也会使环境缺乏层次。亮色的点缀和吧台线条的装饰，让白色环境有明显的层次感。

(Case) 案例解析：双色搭配在吧台区域的运用

玄关吧台通过色彩来区分空间

玄关吧台是居室空间的过渡区域，以吧台来区分空间，粉色的背景墙连接吧台与沙发区域，黑色的吧椅又与门口环境相呼应。

简单的色调对比使厨房吧台更高雅时尚

厨房吧台的紫色与厨房墙面点缀的紫色相呼应，棕色的吧台与厨房地面又有连接。神秘优雅的紫色让厨房环境也显得十分高雅时尚。

◎配色禁忌

吧台的色彩搭配不应繁杂，且以白色调为基础，使用单色或亮色搭配。吧台空间一般较小，繁杂的色彩会让吧台环境显得拥挤，没有了休闲氛围。

玄关区域的色彩搭配

玄关色彩要适应居室大环境

玄关是入户的第一印象，是进入居室的缓冲区域，也是居室环境的重要部分。故而玄关的色彩要与居室环境有呼应，同时作为独立的小空间，玄关色彩也应体现出空间的特点来。如果整体家居装饰很朴实，那么玄关色彩也不宜太花哨，色彩稳重的玄关家具，一块色彩简单的小地毯，都是不错的选择。华丽的家居环境中，适当地提高玄关空间色彩的明度，也能够达到风格的统一。

不同面积大小玄关的色彩有讲究

不同面积的住宅玄关面积不同，采光也不同。如果玄关环境的光线较暗，而且空间相对狭小，那么选择配色简单、清淡、明亮的色彩比较好。如果玄关足够宽敞，那么可以选择比较丰富、喜庆的颜色，配色也可以多一些。

明亮的色彩最适合玄关环境

很多人都喜欢用白色作为玄关的颜色，其实在墙壁上加一些比较浅的颜色，如绿色、橙色、浅蓝色等，以与室外的环境有所区别，更能营造出家的温馨。例如玄关采用清亮的蓝色，那么在回家的一瞬间就会觉得很舒心，久而久之，家庭关系就更和谐。清新的绿色也能够装扮田园系的玄关环境。

◎玄关要避免厚重昏暗的色彩

一般玄关的颜色都比较明亮，清淡、典雅的原色是最好的选择，以清爽的中性偏暖色调为主。要避免使用厚重昏暗的颜色，不然会产生压抑的感觉。

Case 案例解析：无彩色系在玄关区域的运用

明亮的白色玄关体现居室的宁静

整体的白色使环境显得优雅宁静，花鸟装饰图案更是显示出玄关区域的意境。白色环境通过细节的装饰展现宁静时尚的居室环境。

提高无色系的明度为玄关补充光线

黑色与灰色搭配的玄关环境比较稳重但也会比较灰暗，通过提高色彩的明度，可以起到提亮空间的作用，无形中为玄关空间补充了光线。

◎配色禁忌

无色系的色彩适合作为大面积的玄关色彩来使用，但对于空间较大的玄关，过于明亮的色彩会使玄关显得过于漂浮，应适当增加一些稳重的色调来中和空间感受。

（Case）案例解析：两色搭配在玄关区域的运用

自然的色彩搭配使玄关具有了田园气息

浅褐色的地面搭配清新的绿色墙面，取自于大自然的色彩，营造了自然温馨的田园风光。顶面的实木自然的色彩也让玄关的意境更浓。

色彩的对比彰显玄关的活力

鲜艳的红色活力十足，和高明度的白色进行对比，显得更加靓丽。明亮的玄关环境简单舒适而又有朝气。

◎配色禁忌

采用两种色彩搭配装饰玄关时，应选择有明显对比的色彩。相近的色彩搭配没有明显的层次感，活泼鲜艳的色彩也不应大面积使用，以免使玄关空间显得更压抑。

Case **案例解析**：三色搭配在玄关区域的运用

明亮色彩与灯光搭配使空间色彩更加鲜艳

明亮的红色和蓝色搭配稳重的棕色，使环境活泼靓丽，灯光的照射又使这些色彩更加鲜艳，玄关环境也更有意境。

利用色彩有效区分空间区域

红色和黄色垭口区标明了不同的空间区域，与白色的搭配也十分清新，玄关环境简单美观。

◎**配色禁忌**

三色搭配时色彩不能很好地区分出主次，不能突出玄关特点。搭配时确定好色彩的主次关系，尽量使用低明度或无色系色彩作为背景色。

楼梯区域的色彩搭配

居室风格决定楼梯色彩

楼梯是居室中重要的过渡空间，在环境中也比较明显。楼梯的色彩要符合居室环境的风格特点，复古风格的楼梯以棕色、咖啡色为主，可以适当提高色彩明度，让居室环境更加明亮。现代风格的楼梯色彩比较多样化，根据居室环境氛围特点来选择鲜艳活泼的或者宁静典雅的色彩。

楼梯色彩是楼梯环境的重要角色

楼梯的环境往往被设计为展示空间，楼梯本身的层次感也强化了楼梯环境的展示功能。当楼梯环境色彩活泼明亮时，低调沉稳的楼梯色彩能够给人踏实稳重的感觉，使人更有安全感。楼梯环境干净简洁，楼梯的踏板可以做出色彩的变化，增添环境的趣味性。

楼梯栏杆与踏板的色彩搭配自由

楼梯的栏杆与踏板不在同一面上，本身具有较好的形式。栏杆与踏板的色彩搭配也十分自由，不同的组合方式能够展现不同的楼梯层次。栏杆与踏板采用同一色彩时楼梯的整体性好，在环境中的装饰效果也不错，也显得十分低调。栏杆与踏板采用不同的色彩搭配，更凸显了楼梯的层次感，增加环境空间的变化，装饰效果也更好。

原木色楼梯经久不衰

原木色是楼梯中最常出现的色彩之一。这种色彩可以很好地体现自然感和温馨感，使家庭氛围呈现出温暖的效果。另外，楼梯空间相对较为逼仄、晦暗，原木色所具有的类似于灯光的色彩，可以有效提亮整体空间的光亮度。

Case 案例解析：原木色在楼梯区域的运用

原木色 + 裂纹造型，令空间更具层次

栏杆上的裂纹造型使原木色彩的栏杆有了更多的线条和造型。简单的造型让居室环境的自然更具特色。

仿古地砖辅助栏杆色彩的表达

保留木质纹理的实木栏杆自然具有山野气息，仿古地砖作为背景衬托，栏杆环境仿佛置身于乡野之中。

◎配色禁忌

实木色彩的栏杆稳重大方，与过于活泼明亮的色彩搭配会显得不伦不类，不能正常表达环境色彩。应避免与过于浓烈的色彩进行搭配。

混油颜色使木色更加清亮

栏杆扶手做了混油处理，借由灯光使整个楼梯环境更加明亮。简单的栏杆造型和原木铺装的楼梯踏板打造了天然舒适的楼梯环境。

木质楼梯与原木家具的色彩保持统一

复古风格的家居环境，楼梯的原木铺装和实木家具形成良好的呼应，居室风格统一，在栏杆细节体现了环境的精致。

(Case) 案例解析：双色搭配在楼梯区域的运用

简单的色彩对比，使楼梯更具装饰性

红蓝两色的高明度对比使蓝色的楼梯更为突出，居室简单的色彩让有层次的蓝色楼梯成为电视墙的装饰。

红色与白色的对比，凸显时尚的楼梯元素

不同明度的红色在白色的环境中形成精美的装饰，红白两色强烈的对比也突出表现了楼梯环境的时尚气息。

◎配色禁忌

楼梯环境一般都比较狭窄，使用明度低且色彩相近的两种色彩搭配时，会使楼梯环境显得更加狭小拥挤，故而应适当地提高色彩明度，增加色差。

第二步

为空间加分，角落空间的形式表达

要点 1 角落空间表达的基础知识

要点 2 家居角落的空间表达方案

角落空间表达的基础知识

在设计家居空间角落时，如何准确表达空间角落给人的感受是设计的重点。角落空间的表达主要从角落材料方面入手，以材料的特色奠定角落空间的基调，再结合一些风格装饰来辅助表达角落空间的具体感受。这里将引导大家认识角落材料的基础知识，了解不同材料的搭配运用表达出来的角落空间环境。

角落空间材料的搭配原则

角落选材可以比较广泛

空间角落功能独立，既具有特色，在选材上也不受局限。偏向自然的风格可以选择石材、木材、面砖等天然材料，时尚现代的角落则可以将选择范围扩大到金属、玻璃、塑料以及合成材料。通过夸张材料之间的结构关系，可以更准确地表达角落的风格特征。另外，在材料之间的关系衔接上，也可以通过一些细节处理手法以及精细的施工工艺来体现角落风格。

材料的组合设计让角落空间更具装饰性

不同风格的角落空间在材料的选择上也不拘泥于一种，更倾向于使用多种材料的组合来表现角落空间自然的层次和梯度，同时也增加了角落空间的线条装饰，节省了墙面的装饰空间。但在各组合材料的选用上也应保证材料在色彩上的统一，避免角落环境过于杂乱。

角落空间的墙体材料和地面材料有所区分

角落空间中常见的墙体材料通常有包括壁纸、墙面砖、装饰涂料、饰面板、塑料护角线、金属装饰材料、墙布等，较为注重装饰性；而地面材料常用的有包括实木地板、实木复合地板、天然石材、人造石材地砖、人造地板（塑料）等，较为注重实用性。

角落常见装饰材料的具体分类

装饰石材

　　装饰石材包括天然石材和人造石材两大类。它们皆具有可锯切、抛光等加工性能。由于石材天然的纹理与特质，在角落装修中可以起到很好的装饰作用，为角落增添一笔与众不同的亮色。

种类	优点	缺点	使用风格
天然大理石	花纹品种繁多、色泽鲜艳、石质细腻、吸水率低、耐磨性好	具一定的放射性，容易吃色，易有吐黄、白华等现象	现代风格、欧式风格
人造大理石	功能多样、颜色丰富、造型百变，不易残留灰尘	纹路不如天然石材自然，不适合用于户外，易褪色，表层易腐蚀	各种家居风格
花岗岩	抗压强度好、孔隙率小、导热快、耐磨性好、抗冻、耐酸、耐腐蚀、不易风化	有辐射，在角落不宜大量使用	古典风格、乡村风格
文化石	防滑性好、色彩丰富、质地轻、经久耐用、绿色环保	表面较粗糙、不耐脏、不容易清洁	乡村风格、田园风格

◎ **大理石材料装饰简洁优美的角落空间**

　　大理石材料的面砖，色泽明亮，具有石材自然的纹理，能够为环境带来时尚又稳重的气息。不论是在角落空间中做整体铺装还是墙面的装饰点缀，都能够起到很好的装饰效果。大理石材料自然多变的色彩也能够适应不同风格角落环境的特点，并为角落空间提供一个简洁优美的环境背景，常用于角落墙面、地面、柱面、楼梯的踏步面。

装饰板材

家是最令人感到放松的地方，若想营造出自然无压的空间，温厚的板材无疑是最合适的材料。其温润的质地无论是用于角落顶面，还是墙面，都能让人从紧张的生活节奏中释放出来。

种类	优点	缺点	使用风格
细木工板	握钉力好，强度高、质坚、吸声、绝热	怕潮湿	任何家居风格
石膏板	轻质、防火、加工性能良好、施工方便、装饰效果好	受潮会产生腐化，且表面硬度较差，易脆裂	平面石膏板适用于各种家居风格；浮雕石膏板适用于欧式风格
木纹饰面板	花纹美观、装饰性好、真实感强、立体感突出	不吸潮	任何家居风格
波浪板	环保、吸音隔热、施工简便；材质轻盈、设计时尚，具有立体造型	——	现代风格

◎木纹饰面板最能表现角落的背景特点

木纹饰面板是最能表现角落空间环境的自然特点。实木饰面板讲究雕刻彩绘、造型别致典雅。高档硬木经过工艺大师的精雕细刻，每一块板材都形成独具韵味特色的饰面板，用来装饰角落背景环境自然也能够传递出独特的韵味。未经雕刻的实木饰面板保留着木材的原始纹理，装饰角落背景也十分有意境。

装饰涂料

改变角落空间色彩最简单的方法，就是运用各种各样的涂料。除了千变万化的颜色选择外，涂料也可以利用各种涂刷工具，做成仿石纹、布纹等以假乱真的仿饰效果。

种类	优点	缺点	使用风格
乳胶漆	无污染，漆膜耐水、耐擦洗，色彩柔和	涂刷前期作业较费时费工	各种家居风格
墙面彩绘	掩饰房屋结构的不足，美化空间	频繁使用会让空间感觉凌乱	各种家居风格
艺术涂料	环保、耐摩擦，色彩历久常新	施工人员作业水平要求高	现代时尚、田园风格
硅藻泥	净化空气、调节湿度、防火阻燃	耐重力不足，容易磨损、不耐脏	各种家居风格

◎乳胶漆的色彩强调角落的风格

乳胶漆色泽柔和持久，施工简单也容易清洗。乳胶漆颜色的选用对角落的风格装饰起着决定性的作用。白色的乳胶漆，颜色比较好搭配。对于精致的角落空间，乳胶漆的色彩要与家具软装搭配运用。选择与家具软装色彩相近的色彩，能够形成明快的角落空间；而选择与之有反差的色彩，则能形成有层次梯度的角落空间。

装饰壁纸

壁纸耐污性、易清洁性比较乳胶漆具备明显的优势；相比较墙面的木制凹凸造型，壁纸不占用空间的使用面积，且易施工、造价低。壁纸种类的多样性，其花纹与材质的可选性是广泛的，可以搭配角落内的任意风格，充分展现出空间主人的审美品味。

种类	优点	缺点	使用风格
无纺布壁纸	看上去有丝绒的感觉、摸起来有质感	壁纸花色较少，以纯色居多	各种家居风格
纯纸壁纸	亚光、环保、自然、舒适、有亲切感	耐水、耐擦洗性能差，施工时要求技术难度高	各种家居风格
PVC 壁纸	耐磨、抗污染、耐擦洗、防霉变、防老化、不易褪色	在图画逼真、花色自然等方面不及纯纸	各种家居风格
金属壁纸	材质表面更光滑，有效防止水分渗入	粉刷质感差、不耐擦洗	各种家居风格
木纤维壁纸	漆膜坚韧、附着力强，抗紫外线	耐磨性和耐高温性一般	现代风格、欧式风格

◎多样化的壁纸打造个性独特的角落空间

选择合适的壁纸能营造独特的角落空间感受，合适的壁纸不仅能够彰显出角落空间的风格特点，也能够成为角落空间的背景。用大花图案的壁纸装饰角落的背景墙最为合适，且图案具有装饰性，在角落空间中的位置也比较醒目。色彩沉稳的壁纸可以作为空间大环境的背景使用。色彩较深的壁纸搭配浅色的角落家具，而浅色的壁纸采用有色彩对比的角落装饰，凸显角落空间的层次感。

装饰陶瓷砖

一般来说，陶瓷墙砖、地砖较难成为空间的主角，但它却又是空间中不可或缺的基础元素。在家居角落中，可以根据瓷砖的规格和颜色来选择适合的空间布置，也可以根据角落的风格或是采光情况来选择不同种类的瓷砖。

种类	优点	缺点	使用风格
抛光砖	表面光洁、坚硬耐磨，还可以做出各种仿石、仿木效果	有凹凸气孔、抗污性不强	现代风格、简约风格
釉面砖	色彩图案丰富、规格多；防渗透，可无缝拼接、任意造型	耐磨性相对较低	各种家居风格
仿古砖	防水、防滑、耐腐蚀，具有极强的耐磨性	容易显得比较旧	中式风格、美式乡村风格、田园风格
马赛克	耐磨、不渗水、不易破碎、小巧玲珑、色彩斑斓	施工要求高，容易藏污纳垢	各种家居风格

◎陶瓷面砖是角落空间中结实耐用的装饰材料

瓷砖的选择主要依角落空间的整体风格而定，不能盲目挑选，要注意瓷砖的种类、款式与角落整体风格的协调一致性。较大的空间不能用规格尺寸太小的瓷砖，面积小的角落空间最好不要用深色瓷砖，以免产生压抑感。

装饰玻璃

　　玻璃不同于墙面漆、布艺等材料所具有的柔和特点，它质地坚硬，具透光性。利用玻璃的透光性及反光性特点，可以将其设计为家居角落的背景墙、顶面装饰等，成为空间的装饰亮点。

种类	优点	缺点	使用风格
烤漆玻璃	耐水性、耐酸碱性强、耐污性强、易清洗、色彩的选择性强	自然晾干的漆面附着力比较小，在潮湿的环境下容易脱落	各种家居风格
钢化玻璃	质地坚硬、抗弯度高、破碎成无锐角的碎片，对人体伤害低	表面有凹凸不平的现象、钢化后不能再切割	各种家居风格
镜面玻璃	增添空间纵深感、可当镜子使用	易碎，玻璃破碎后对人体伤害较大	现代风格、简约风格
艺术玻璃	图案种类多样、装饰效果突出	易碎，因表面的凹凸纹理清洁麻烦	各种家居风格
玻璃砖	出色的透光性、可代替实体墙、装饰效果出色	坚固度不如实体墙、对粘合剂的要求高	各种家居风格

装饰地板

　　地板美观、舒适、导热性能好，同时防噪音、防滑，安装简便。木地板可大大降低行走时对楼板的撞击噪声，从根本上解决了噪声超标问题，使居室更加温馨、安静。

种类	优点	缺点	使用风格
实木地板	隔声隔热、调节湿度、冬暖夏凉、绿色无害、经久耐用等	对环境的干燥度要求较高，后期护理繁琐	各种风格，尤其适合田园、乡村风格
实木复合地板	具有天然木质感、容易安装维护、防腐防潮、抗菌，相较于实木地板更加耐磨	耐磨性不如强化复合地板，价格偏高，质量差异较大	任何家居风格
强化复合地板	耐磨、阻燃、防潮、易清理、纹理整齐、色泽均匀、强度大、弹性好	水泡损坏后不可修复，脚感较差	简约风格

要点 2
家居角落的空间表达方案

角落的空间表达，除了色彩，也可以通过装饰材料来体现。材料是风格的载体，利用材料的特点可以表达出不同的风格角落。例如，竖条纹壁纸不仅可以起到拉伸层高的作用，也非常适合现代和简约风格的家居角落；而欧式花纹壁纸既有扩张空间的作用，也是欧式风格的常用装饰材料。这种利用材料特点装饰角落的方法，可以将家居风格体现得更完美。

1 餐桌区域的空间表达主要通过家具的材料来体现

2 卧室的材料选择以舒适自然为主

3 沙发区域的材料表达是居室环境的主导方向

4 吧台的材料设计彰显空间个性特征

5 阁楼区域的空间表达方式要根据阁楼的具体功能来设计

6 玄关地面材料要耐用、美观

7 新型功能楼梯要选择合适自己的材质来表达空间

餐厅区域的空间表达方案

吊顶与吊灯的结合是打造小餐厅的不二之选

小餐厅一般难以形成良好的就餐环境。想要解决这一问题其实不难，可在小餐厅的吊顶做小型的方形吊顶，以压低室内高度，营造合适的就餐氛围；还可以将吊顶和吊灯合二为一，由于有吊顶，此处可以选择价格低的吊灯，借助吊顶的气势，完全可以烘托就餐的主题，并且满足照明等功能需求。

餐厅墙面的材料可选择性较强

餐厅墙面可以根据家居风格，选择不同的材质，乳胶漆、壁纸、板材等皆适用。如果想令餐厅看起来富有现代的个性美感，不妨选用板材做一些奇特的几何图形，这种造型设计手法，可以给餐厅空间带来独一无二的视觉效果和空间感受。

餐厅地面材料和图案样式要考虑与整体空间相协调

现代风格的餐厅地面选材广泛，大理石、釉面砖、复合实木地板及实木地板均可，做法上要考虑污渍不易附着于构造缝之内；此外为突出风格，图案可与吊顶相呼应，例如均衡的、对称的、不规则的图案等，可根据具体的情况灵活地设计。当然，在地面材料和图案样式的选择上需要考虑与整体空间的协调和统一。

Case 案例解析：陶瓷砖在餐桌区域的运用

釉面砖地面使空间看起来较为安静

　　餐区隔断设计得比较精美，工艺成为环境的装饰。餐区使用了较多的色彩，低调釉面砖铺贴成的地面，使空间显得十分安静。

利用抛光地砖的明度提高角落空间的亮度

　　利用明亮的抛光地砖，大面积铺装作为餐区的地面，整个环境显得十分厚重却也十分轻松。餐桌的布置也十分丰富，环境十分温馨。

(Case) 案例解析：玻璃在餐桌区域的运用

磨砂镜面装饰餐桌区域营造静谧感

现代风格的餐桌区域使用一面磨砂镜面来装饰餐桌区域，简单的色彩营造出温馨的氛围。玻璃晶亮的特点也让餐桌环境更加明亮。

镜面的纹理成为餐桌区域简单的背景

利用镜面作为餐桌区域的背景，能够在视觉上扩大餐桌的区域特征，使就餐环境不显压抑。镜面简单的纹理，也让餐桌环境不显单调。

◎运用原则

餐桌区域的镜子，在面积大小上，不适合选择过大的空白镜面，容易显得空间很空旷，一般以大镜面印花，或者是小镜面组合装饰比较多；磨砂镜面和印花镜面应当有适当的留白，避免餐桌环境显得复杂拥挤。

Case 案例解析：多种材料在餐桌区域的运用

多种材料的搭配形成自然的餐区层次

面砖、木材、布艺等材料本身具有自然的层次过渡，在餐区中又分别装饰在不同的空间层次中，餐区的环境感受也变得自然宁静。

餐厅空间运用不同材料的色彩来避免空间沉闷

色泽沉稳的仿古地砖与黑漆墙面为居室奠定了稳重的基调，吊顶采用白色的石膏板搭配造型独特的吊灯，令整体的餐厅空间显得不过于沉闷。

飘窗区域的空间表达

飘窗的材料使用与居室材料相统一

不论是卧室飘窗还是客厅的休闲飘窗，飘窗都是作为空间的一部分存在的，并不是完全独立的一个空间整体，所以飘窗的空间表达尤其是材料的使用应当与其所处的居室环境形成统一。客厅的环境相对比较开放，环境也比较明亮，飘窗区域的材料是客厅区域材料的延伸，材料配色上有呼应，就能形成空间表达上的统一。卧室飘窗是卧室功能的延伸，其空间形式也不能与卧室环境有较大的反差。

飘窗的材料选择以舒适自然为主

飘窗作为居室空间内的休闲区域，最主要的功能是给人提供休闲放松的空间。所以飘窗区域的的环境布置需以舒适自然为原则，在不同的搭配风格之内选择最舒适、最能使人得到放松且又自然养眼的搭配方式。实木铺装的环境自然安逸，大理石铺装也能够表现环境的简单舒适，一些竹制或草编的席子也都能体现飘窗环境的舒适感。

木质铺装打造功能性强的飘窗环境

家居空间中的一些飘窗略高于居室的地面，利用实木装饰能够打造功能性强的飘窗环境。将飘窗的台子做成可以收纳物品的地柜，是最简单实用的利用空间方式。飘窗的台面也可以设计成可以活动隐藏的简单小桌子，既可以收纳物品，也可以辅助表达飘窗的功能。

(Case) 案例解析：多种材料在餐桌区域的运用

板材飘窗台面与地面材质相呼应

　　飘窗的台子做成了一个储物柜，增加了书房的储物功能。飘窗台面为板材，增添了空间的温馨度，也与地面的材质相呼应。

板材飘窗台面为空间增添了暖意的视觉效果

　　大面积的板材飘窗台面，其温雅的色泽与布艺窗帘的粉色，为空间形成了柔和的氛围，也呈现出暖意的视觉效果。

(Case) 案例解析：涂料在飘窗区域的运用

浅色涂料打造庭院风格的纯色背景

白色的涂料为田园风格空间提供了简单干净的背景，其中搭配的碎花帷幔以及床品，在白色环境中更加有田园意境。

黑白搭配打造简单时尚的飘窗环境

整体书房环境以白色的涂料装饰为主，使得黑色的地脚线、窗棂以及灯饰都成为空间中的亮点。大面积的白色点缀黑色，突出黑色的作用，同时也不会破坏简单时尚的造型。黑色的窗棂是飘窗中的点缀，突出显示飘窗的存在。

Case 案例解析：多种材料在飘窗区域的运用

木材与布艺的结合运用，带来自然韵味十足的飘窗

飘窗台面运用棉布制成，结合木材，带来自然韵味十足的空间环境；结合木质百叶窗的设计，整个飘窗空间显得十分协调。

飘窗材料的运用与整体环境的格调相符

红色格子纹的布艺飘窗台面为空间环境定调了田园的韵味，结合木材柜身，及米黄色的墙面乳胶漆，与整体大环境的清雅格调相符。

沙发区的空间表达

沙发区域的材料表达是居室环境的主导方向

沙发区域的空间表达方式，因业主个人爱好和性格不同而有很大差异，不同的材料搭配也能够体现出不同特色的沙发区域。古典色彩的沙发区域比较厚重，多用厚重的板材或者色彩沉稳的壁砖、涂料等来装修。具有现代气息的沙发环境比较简洁，材料使用上以简单明朗的板材，或者是色彩明亮的壁纸、乳胶漆来装饰。总体说来，沙发区域的环境表达方式主导了客厅居室的空间，材料设计上要大气，以体现客厅中心的环境特色。

沙发背景墙设计体现沙发环境的整体美

沙发的背景墙是沙发区域风格的主体，背景墙作为沙发区域的大环境背景，也体现着沙发区域的风格。沙发背景墙可以选用的材料多种多样，板材造型、墙砖、壁纸、石膏板等材料都能够作为沙发背景墙来使用。选用背景墙的材料，也应考虑与沙发区域家具的协调，体现环境的整体性。

沙发区域的材料搭配要合理

沙发区域的材料搭配应保持一致或有呼应，保证形式风格上的统一。家具的材料与墙面材料有呼应，或在色彩上有互相点缀，应避免使用过于夸张的材料组合。如果有风格不搭配的材料组合，应在色彩上让材料有对应。沙发的材料造型也不要过于异类，以免破坏沙发区域的休闲特点。

(Case) 案例解析：木材在沙发区域的运用

不同色泽的板材运用，丰富了沙发背景墙的层次

沙发背景墙运用石膏板与木芯板造型做设计，为空间增添了丰富的视觉层次；白色与木色的板材色彩搭配，营造出温馨、自然的空间效果。

实木装饰简洁实用的现代风格沙发区

造型简洁的实木材料也是现代风格沙发区的首选材料，木材自然简单的纹理装饰沙发区的背景，简单又实用的实木小茶几更是现代风格沙发区的点睛之笔。

(Case) 案例解析：涂料在沙发区域的运用

白色的沙发背景带来整洁的室内基调

沙发背景墙运用白色乳胶漆涂刷，与白色的沙发形成色彩上的呼应，为沙发区带来整洁、干净的基调。

硅藻泥墙面带来美观又环保的居室氛围

橘粉色的硅藻泥墙面既美观又环保，结合大幅装饰画的设计，充分彰显出居室高雅的格调，体现出居住者的高品位。

Case 案例解析：玻璃在沙发区域的运用

镜面玻璃扩大沙发背景墙的视觉层次

对于空间相对较小的沙发区，选用一面镜子作为沙发区的背景墙，利用镜面的效果可以扩大沙发区的空间视觉感受，使沙发区不显压抑。

印花镜面给沙发区带来明亮的视觉感受

镜面玻璃给沙发区带来明亮的视觉感受，同时镜面也能够成为沙发区的装饰。镜面的印花在光线下有悬浮的效果，是沙发区独特的装饰。

◎运用原则

镜面装饰在小空间的沙发区比较实用，明亮的镜面能够扩大空间感。小空间的镜面应选择明亮的银色，装饰物也要简单，避免使小空间显得局促。大空间的镜面可以选择有色彩的烤漆印花玻璃，彰显大空间的质感。

(Case) 案例解析：多种材料在飘窗区域的结合运用

利用色彩的明度使沙发区材料的特点脱颖而出

沙发区的空间略显拥挤，通过材料色彩的搭配，使材料从环境中脱颖而出。高纯色彩大量运用在材料上，大胆而灵活，不单是对沙发区空间特点的表达，也是个性的展示。

利用材料的线条装扮沙发区的特色

沙发区线条的装饰最能体现环境的特点，金属灯具的自然折线，实木家具的线条，以及墙面涂料的直线，都是沙发区简单又自然的装饰。

新颖的材料相结合，为沙发区带来后现代感

沙发区的材料运用广泛，金属马赛克、硬包等具有特色的材料结合运用，令整个沙发区看起来后现代感十足。

繁简有度的材料搭配增强沙发区的层次感与装饰感

沙发背景墙运用黄色乳胶漆进行大面积涂刷，再利用木质雕花门来结合设计，整个墙面繁简有度，层次感和装饰感均较强。

阁楼区的空间表达

阁楼区域的空间表达方式要根据阁楼的具体功能来设计

阁楼区域的具体功能特点因空间设计和家居空间格局不同而有差异，其空间形式也不尽相同。用作休闲空间的阁楼，材料使用上以温馨又有质感的材料为主，不适合使用厚重的石材面砖；用作卧室的阁楼，以营造舒适温暖的睡眠环境为主，材料上可以使用原木材料来作为空间背景；书房阁楼，材料也以木材为主，彰显宁静的书房环境；而用作卫浴间的阁楼，在设计上应使用面砖整体铺装，并做好空间的防水。

阁楼的空间大小对材料设计也有要求

阁楼空间有大有小，造型各异，它们对材料的要求也随之而异。空间较大的阁楼，可以适合各种风格材料的搭配使用，应用起来也比较自由随意；空间较小的阁楼，使用厚重的板材、石材会使空间显得更加压抑，也不适合复杂的材料装饰，应使用明亮、整体性好又简洁的材料搭配，以增加小阁楼的视觉空间感。

Case 案例解析：木材在阁楼区域的运用

阁楼中的中式书房充分使用了木材料

中式风格的书房需要的空间面积较大，对于大空间阁楼设计为中式书房，既合理利用了空间，同时又让中式书房环境变得更加有趣。隔板、书桌等家具大量的木材使用，也让阁楼的特色更加明显。

实木表达简单又热烈的美式风格阁楼

利用实木大面积铺装地板作为空间背景，结合金属座椅搭配温暖热烈的布艺靠垫，再搭配整体的木质背景，整个阁楼氛围变成了浓郁的美式风格，主要表现热烈温暖的环境特点。

木材的搭配装饰也应注意色彩搭配

使用木材搭配其他的装饰材料装扮阁楼空间时，过多的材料容易使阁楼小环境显得杂乱。通过色彩的调整就能够让整个阁楼环境显得有层次。白色的木铺装背景让丰富的装饰有了空间变化。

(Case) 案例解析：壁纸在阁楼区域的运用

色彩清新的壁纸是田园风格阁楼的首选

壁纸花色众多，很容易选到适合阁楼空间风格的图案。最容易上手的就是田园风格了，使用壁纸作为墙面背景最实用，其多样的色彩也容易和阁楼的其他材料形成呼应。

仿石纹壁纸与阁楼地板形成呼应

实木地板保留了原木的纹理色彩，墙面的仿石纹壁纸也有着近乎自然的凹凸感，结合简单的布艺装饰又展现着环境的简单和温暖。

Case 案例解析：涂料在阁楼区域的运用

清新的涂料搭配立体材料装饰极具特色的阁楼

蓝色的背景营造天空的环境，树干和枝叶的立体装饰，让阁楼的色彩和特点更加浓郁。独特的搭配方式让阁楼空间的童话意境更加迷人。

白色涂料体现简洁实用的大空间阁楼

面积较大的阁楼空间作为客厅实用，使用大面积涂料作为顶面的主打材料。中间搭配的家具也追寻上下空间的特点，体现了阁楼空间的宽阔感和舒适感。

吧台区域的空间表达

合理的吧台材料选择可以彰显空间的个性特征

在装修的时候，许多人都会给自己的居所做一个吧台设计，吧台的设计让环境更加时尚，而吧台的材料也会给环境增添更多的惊喜。以前都是一些大面积的家居环境做吧台的设计，如今一些小户型的房子，经过合理的材料选择，也会选择一小块面积来做吧台设计，让自己的居室环境更加的有特色。吧台独特的设计形式也最容易展现居室环境的个性特征。

吧台的材料选择需要结合整体空间来考虑

吧台设计要从整体方面考虑，应该注意材料和色彩的搭配，还要考虑到家居整体的材料应用和氛围。吧台多高，分为几层，每一层都有什么，吧台的材料和颜色怎么分配，还有吧台的酒杯位置等，这些需要提前设计好，并以此来选择吧台材料，使吧台成为居室中最聚人气的角落空间。

吧台的材质可以根据居住者性格来选择

不同的材料能够营造出不同的感觉。一般来说，吧台的材质和风格是和整个居室相适应，钟情于快餐式文化的业主，可以选用大理石台面，风格是明快、脱俗；喜欢田园风情的业主，可以选择木制或藤制的吧台，有自然的味道；而玻璃制吧台则可以达到增加空间通透感的效果，极具现代气息，简洁大方。

◎不同吧台材质的适用氛围

吧台的一般材质有大理石、实木、瓷片等，一般大理石较耐用，性价比较高。实木吧台较有档次，一般别墅可用；瓷片较大众化，价格比较实惠。

Case 案例解析：石材在吧台区域的运用

利用石材材质彰显吧台环境的奢华

石材打造的吧台干净利索，结合石材面砖铺装的白色地面，仿佛是镶嵌在黑色的环境中，整个吧台区域在空间角落中显得突出又有奢华的感觉。

石材打造大气时尚的欧式吧台

石材打造的欧式风格家庭吧台给人以高端大气之势，纯白的格调和精致的勾花都能让人深深地喜爱上它，而且能为本身就是欧式装修的整体家装锦上添花，让整体更为大气。

(Case) 案例解析：玻璃在吧台区域的运用

玻璃材料体现时尚的现代风格吧台

玻璃材料给人的感觉轻盈、时尚，使用玻璃做吧台的主体，较大的吧台也显得十分轻巧。

镜面玻璃增加现代风格吧台的空间感

玻璃是现代风格吧台的主要材质，镜面玻璃干净明亮，同时镜面也在视觉上扩大了吧台的空间感。

(Case) 案例解析：多种材料在吧台区域的结合运用

材料的线条能够彰显自然的吧台环境

　　吧台区的材料比较丰富，玻璃、金属的恰当组合，让整个环境更加清新、自然。材料本身简单的线条也让吧台环境有了安静的气氛。

材料和灯光的结合装扮冷峻又时尚的吧台

　　石材厚重的板材给人的感觉冷艳又稳重。提高石材的明度，结合灯光的设计，将不同的材料和不同的灯光光线搭配在一起，形成对比，时尚的吧台也有了韵味。

玄关区域的空间表达

玄关在整个家居空间中有着不可忽视的重要性

玄关作为现代家居中进入居室所看到的第一幕，其面积虽然不大，在整个家居空间表达的过程中有着不可忽视的重要性。玄关以材料类型以及设计的形式要素为重点，充分体现出玄关的美观价值与功能价值。玄关的材料设计很多样，用途较广泛，因此，在运用材料时应注重以人为本，认真对待每一处细节，搭配出适合主人个性的玄关，使玄关真正融入居住者的生活，体现居住者的品味与空间的整体价值。

玄关的材料选择应结实耐用

玄关不但可以保护室内的视野，同时玄关在装修取材时也是有一定的讲究的。玄关是居室中经常出入的场所，走动比较频繁，应选取比较耐磨结实、使用寿命比较长的材料。避免在使用过程中经常出现损坏，影响居室的出入。

◎玄关材料选择的禁忌

玄关装修时最好选择圆润型的材料来设计，就是说玄关不要出现尖锐的、奇形怪状的装饰，怪异的设计容易造成人心理上的压抑感，尤其是在家居环境的入口，设计得过于奇怪，会使人对整个家居空间产生不好的印象。

玄关地面材料要耐用美观

由于玄关位于居室的入口处，所以其使用率较高，需要考虑实用保洁的功能，地面材质一般以大理石、通体砖或釉面砖为主。设计时，可以将玄关的地面与客厅的地面区分开来作为独立的区域，用纹理感较强且光泽度较高的磨光大理石拼花，或者是具有不同图案的地砖进行拼花而成。如果客厅地面材料选择的是复合地板，综合考虑家居空间的高度与整体效果，在玄关处也可以考虑选用复合地板。

（Case）案例解析：石材在玄关区域的运用

石材玄关设计注重材料的整体性

利用统一的大理石砖铺装玄关地面和墙面，整个玄关和客厅空间成为自然的整体。玄关空间和居室空间也有比较好的融合。

不同石材的组合表现小空间玄关的层次

地面的大理石面砖和墙面的文化石不论是色彩还是质感上都形成了明显的对比，突出小空间玄关的层次，使空间不显压抑。

Case 案例解析：涂料在玄关区域的运用

蓝色涂料装饰清新的玄关环境

蓝色的墙面涂料从玄关延伸至客厅内，结合白色的石膏板造型，整个玄关与客厅环境融为一体，形成整体性的清新风格空间。

白色背景是经典的现代玄关风格

白色的背景搭配最能体现环境的时尚感，其中少量点缀暗红色装饰，整个玄关环境既显得整洁大方，同时也充满时尚气息。

Case 案例解析：多种材料在玄关区域的结合运用

利用材料的差异，展现玄关的层次和空间感

　　小空间的玄关设计为中式风格往往显得局促狭窄，将极具装饰效果的木质雕花贴在镜面玻璃上，既装饰了环境，木材与玻璃的对比也凸显了空间的层次。

材料的质感是体现简约风格玄关的主要因素

　　简约风格的玄关设计比较简单，没有过多的装饰和对比。简单的木制家具和墙面的纺织壁纸，都是质感非常细腻的材料，二者结合充分体现玄关环境的简约意境。

半开放式的玄关材料与客厅环境一致

　　半开放式的玄关在材料的使用上延伸了客厅的白色墙面饰面板和地砖铺装。色彩的搭配也让人十分舒适，材料的结合也让整个大空间功能区更加有特色。

楼梯区的空间表达

新型功能楼梯要选择合适自己的材质来表达空间

楼梯不只是传统意义上的实用型步行楼梯，现代家居已赋予其更为丰富的功能性，它们不仅仅是连接的艺术，还具有储物、娱乐、艺术创意等各种新型功能。这个复式单位里的转角风情，绝对是家居装修中不可忽略且难以遮挡的风景线，而且也能够体现主人的生活品味。能够用来装修楼梯的材料有很多，如钢材、石材、玻璃、绳子、布艺、地毯等。将这些装修材料恰当组合使用，并与整个家庭装修风格相匹配，就会产生很好的装修效果。

不同材料设计的楼梯有着不同的风格意境

① **木材**：在家庭装修楼梯中应用较为广泛，市场上卖的木地板可以拿来直接铺装做踏脚板，扶手也可以选择相应的木料来做。木材的特点就是天然、柔和、暖和，一般家庭都会选用木材。

② **钢材**：钢材材质楼梯在一些现代的年轻人、艺术人士的家中较为多见，它所表现出的冷峻和它材质本身的光彩都极具现代感。

③ **玻璃**：玻璃本身所具有的通透感在用做楼梯的装修时，效果更具现代感。现在市场上有喷花玻璃和镶嵌玻璃，可以把它用在楼梯扶栏处，更绝妙的用法是将楼梯台阶做成中空的，内嵌灯管，以特种玻璃做踏脚板，做成可以发光的楼梯。

楼梯材质要与室内装修协调统一

常见的家庭装修，楼梯一般踏脚板采用木材，扶栏采用木材或铁艺。锻铁或铸铁的使用源于古代欧洲国家，因此更适合家庭装修为欧式风格的家居环境。但我们常看到，许多人家里，不管是摆放着中式古典家具，还是现代简洁派的居室设计风格，都一概用铁艺扶栏来装修楼梯，这就违反了室内装修设计要协调统一的原则。

Case 案例解析：木材在楼梯区域的运用

实木材质在楼梯环境中体现中国传统的儒雅文化

中式楼梯的设计绝大多数都采用实木踏步和实木栏杆的配搭，通过实木材质体现中国传统的儒雅文化，楼梯中的木雕艺术、水墨画等独特的中式元素，也为楼梯环境增色不少。

实木楼梯装饰打造中式浪漫

中式楼梯多采用全包式设计为主，侧立面配以中式木雕木艺，护栏也会采用中式窗棂、镂空木围栏等造型，打造出韵味独特的中式浪漫。

实木楼梯也是欧式风格楼梯的一大主流

纯实木踏步配搭实木栏杆的造型也是欧式风格楼梯的一大主流。为体现欧式的奢华感，楼梯的护栏多选用手工木雕为立柱，踏步也更注重漆面能光亮照人。

现代风格楼梯的木质镂空设计

空间较小的楼梯设计为木质的镂空踏步和细线条的栏杆，使楼梯整体变得轻盈，比较适合空间较小的居室环境。

实木条打造简约时尚的小楼梯

利用实木条打造的楼梯环境简单自然，既节省了居室的空间，同时与居室上下层的空间关系也过渡融洽。

Case 案例解析：石材在楼梯区域的运用

石材打造大气华贵的欧式楼梯

　　欧式风格大多强调华丽的装饰、浓烈的色彩和精美的造型，以最终达到雍容华贵的装饰效果。楼梯也不例外，欧式风格楼梯一般是用大理石踏步配搭钢材金属栏杆造型。

石材铺装楼梯踏步

　　楼梯的踏步使用石材铺装的也比较多，石材材料比较坚固比较耐磨，在环境中的稳定性好。石材铺装的楼梯也能通过色彩的选择来适应不同的空间表达特点。

(Case) 案例解析：玻璃在楼梯区域的运用

素雅的玻璃材质最能体现楼梯的现代特色

不少现代风格的楼梯色彩都比较素雅，金属栏杆、玻璃踏步的颜色都不宜过深，在简洁的大环境中，能更好地体现简约清爽的感觉。

玻璃扶手增加楼梯环境的通透性

玻璃是现代风格常用的材质，利用通透性好的玻璃作为楼梯的扶手，增加了居室环境的空间通透感，使楼梯在居室中也不显突出。

(Case) 案例解析：多种材料在楼梯区域的结合运用

利用金属线条打造简约风格的楼梯

木板与金属的组合表现出极简的楼梯线条，也突出表现了简约风格的楼梯环境。在整体居室环境中，楼梯也成为一件极具装饰的艺术品。

金属材质的别样设计打造轻盈的简约风格楼梯

楼梯的设计十分巧妙，金属栏杆与实木踏板通过点与面、直与斜的搭配，使时尚现代的楼梯打破了楼梯传统的沉闷和古板感，令整个室内空间更加清澈剔透，且富有艺术气息。

第三步

强化风格定调, 用软装配饰来表现

要点 1 软装的基础知识

要点 2 家居角落的软装搭配方案

软装的基础知识

　　角落空间软装饰的内容十分丰富，涵盖了家具、布艺、灯饰、工艺品、装饰画、花艺、绿色植物……它们各具不同的特点，还可细分成不同的种类。软装配饰设计作为一种非物质化设计将是角落空间设计的主要发展方向，是提升角落空间质量和内涵的重要方式。

家具

　　家具是室内设计中的一个重要组成部分，是陈设中的主体。相对抽象的室内空间而言，家具陈设是具体生动的，形成了对室内空间的二次创造，起到了识别空间、塑造空间、优化空间的作用，进一步丰富了室内空间内容，具象化了空间形式。一个好的室内空间应该是环境协调统一，家具与室内融为一体，不可分割。

家具的比例尺度要与整体室内环境协调统一

选择或设计角落家具时要根据角落空间的大小决定家具的体量大小，可参考角落净高、门窗、墙裙等。在面积较大的角落选择小体量家具，会显得空荡且小气；而在面积较小的角落中布局大体量家具，则显得拥挤和阻塞。

家具的风格要与角落装饰设计的风格相一致

角落设计风格的表现，除了界面的装饰设计外，家具的形式对角落整体风格的体现具有重要的作用。对家具风格的正确选择有利于突出整体角落空间的气氛与格调。

家具的数量由不同性质的空间和角落面积大小决定

家具数量的选择要考虑角落的容纳人数、人们的活动要求，以及角落的舒适性。要分清主体家具和从属家具，使它们相互配合，主次分明。

灯具

灯具在角落空间中不仅具有装饰作用，同时兼具照明的实用功能。灯具应讲究光、造型、色质、结构等总体形态效应，是构成角落空间效果的基础。造型各异的灯具，可以令角落环境呈现出不同的容貌，创造出与众不同的角落环境；而灯具散射出的灯光既可以创造气氛，又可以加强空间感和立体感，可谓是角落内最具有魅力的情调大师。

灯具应与角落环境装修风格相协调

灯具的选择必须考虑到角落装修的风格，墙面的色泽，以及家具的色彩等，否则若灯具与居室的整体风格不一致，就会弄巧成拙。如，角落风格为简约风格，就不适合繁复华丽的水晶吊灯；或者角落墙纸色彩为浅色系，理当以暖色调的白炽灯为光源，以营造出明亮柔和的光环境。

根据自身实际需求和喜好选择灯具样式

灯具的选择多样，角落装修时也可根据自身需求和喜好来选择。如果注重灯的实用性，可以挑选黑色、深红色等深色系镶边的吸顶灯或落地灯；若注重装饰性又追求现代化风格，则可选择造型活泼、灵动的灯饰；如果是喜爱民族特色造型的灯具，可选择雕塑工艺落地灯。

◎漫射与点射光源在角落的运用

正确的选择光源并恰当地使用它们可以改变角落空间氛围，营造出舒适的家居环境。要想塑造舒适的灯光效果，设计时应结合家具、物品陈设来考虑。如果一个角落空间没有必要突出家具、物品陈设，就可以采用漫射光照明，让柔和的光线遍洒每一个角落；而摆放艺术藏品的角落区域，为了强调重点，可以使用定点的灯光投射，以突出主题。

布艺能够柔化角落空间生硬的线条，赋予角落新的感觉和色彩。同时还能降低室内的噪音，减少回声，使人感到安静、舒心。其中，布艺家具以优雅的造型、艳丽的色彩、美丽的图案，给角落空间带来明快活泼的气氛。而窗帘和地毯也是角落空间常用的布艺装饰。

有层次地搭配角落布艺织物的方法

室内纺织品因各自的功能特点，在客观上存在着主次的关系。通常占主导地位的是窗帘、床罩、沙发布，第二层次是地毯、墙布，第三层次是桌布、靠垫、壁挂等。第一层次的纺织品类是最重要的，它们决定了角落空间纺织品配套总的装饰格调；第二和第三层次的纺织品从属于第一层次，在角落环境中起呼应、点缀和衬托的作用。正确处理好它们之间的关系，是使角落软装饰主次分明、宾主呼应的重要手段。

有缺陷的角落空间其布艺选择的方法不同

① **层高有限的空间**：可以用色彩强烈的竖条纹椅套、壁挂、地毯来装饰家具、墙面或地面，搭配素色的墙面，能形成鲜明的对比，可使空间显得更为高挑，增加整体空间的舒适程度。

② **采光不理想的空间**：布质组织较为稀松、布纹具有几何图形的小图案印花布，会给人视野宽敞的感觉。此外应尽量统一墙饰上的图案，使空间在整体感上达到贯通感，从而让空间"亮"起来。

③ **狭长空间**：在狭长空间的两端使用醒目的图案，能吸引人的视线。例如在狭长的一端使用装饰性强的窗帘或壁挂，或是狭长一端的地板上铺设柔软的地毯等。

④ **狭窄空间**：狭窄的房间可以选择图案丰富的靠垫，来达到增宽室内视觉效果的作用。

⑤ **局促空间**：在空间面积有限、比较局促的情况下，不妨选用毛质粗糙或是布纹较柔软、蓬松的材料，以及具有吸光质地的材料来装饰地板、墙壁，而窗户则大量选用有对比效果的窗帘。

装饰画

装饰画属于一种角落空间的装饰艺术，给人带来视觉美感、愉悦心灵。装饰画是角落墙面装饰的点睛之笔，即使是白色的墙面，搭配几幅装饰画也可以变得生动起来。

角落装饰画最好选择同种风格

角落空间内最好选择同种风格的装饰画，也可以偶尔使用一两幅风格截然不同的装饰画作点缀，但不可眼花缭乱。另外，如装饰画特别显眼，同时风格十分明显，具有强烈的视觉冲击力，最好按其风格来搭配家具、靠垫等。

角落装饰画应坚持宁少勿多、宁缺毋滥的原则

装饰画在一个空间环境里形成一两个视觉点即可。如果同时要安排几幅画，必须考虑它们之间的整体性，要求画面是同一艺术风格，画框是同一款式，或者相同的外框尺寸，使人们在视觉上不会感到散乱。

角落装饰画要注意给墙面适当留白

选择装饰画时首先要考虑悬挂角落空间墙面的大小。如果墙面有足够的空间，可以挂置一幅面积较大的装饰画；当空间较局促时，则应当考虑面积较小的装饰画。这样才不会令墙面产生压迫感，同时恰当的留白也可以提升空间品位。

多幅装饰画在角落中悬挂要有序

将明信片、卡片、照片等用画框装裱起来，或者用多幅装饰画组合起来能够达到引人注目的装饰效果。需要注意的是，在悬挂多幅装饰画时需要有一个基本的准则，形成无序中的有序，以避免视觉上的凌乱感。

工艺品

工艺品想要达到良好的装饰效果，其陈列以及摆放方式都是尤为重要的，既要与整个角落装修的风格相协调，又要能够鲜明体现设计主题。不同类别的工艺品在摆放陈列时，要特别注意将其摆放在适宜的位置，而且不宜过多、过滥，只有摆放得当、恰到好处，才能拥有良好的角落装饰效果。

| 在视觉中心位置宜摆放大型工艺品 | 一些较大型的反映设计主题的工艺品，应放在较为突出的视觉中心的位置，以起到鲜明的装饰效果，使角落装饰锦上添花。比如在沙发背景墙和玄关背景墙上可以悬挂主题性的装饰物，常用的有兽骨、兽头、绘画、条幅、古典服装或个人喜爱的收藏等。 |

| 小型工艺品可以成为空间的视觉焦点 | 小型工艺饰品是最容易上手的布置单品，在开始进行角落装饰的时候，可以先从此着手进行布置，增强自己对家饰的感觉。小的家居饰品往往会成为视觉的焦点，更能体现居住者的兴趣和爱好，例如彩色陶艺等可以随意摆放的小饰品。 |

装饰花艺

装饰花艺是指将剪切下来的植物的枝、叶、花、果作为素材，经过一定的技术（修剪、整枝、弯曲等）和艺术（构思、造型、配色等）加工，重新配置成一件精致完美、富有诗情画意，能再现大自然美和生活美的花卉艺术品。花艺设计中的质感变化，是影响整个花艺设计的重要元素，一致的质感能够创造出协调、舒适的效果。

花卉和容器的配置需协调

在家居角落中摆放花艺装饰，花卉与容器的色彩两者之间要求协调，但并不要求一致，主要从两个方面进行配合：一是采用对比色组合；二是采用调和色组合。对比配色有明度对比、色相对比、冷暖对比等。运用调和色来处理花与器皿的关系，能使人产生轻松、舒适感。方法是采用色相相同而深浅不同的颜色处理花与器的色彩关系，也可采用同类色和近似色。

花艺的色彩要根据角落空间的环境来配置

可以在白底蓝纹的花瓶里，插入粉红色的二乔玉兰花，摆设在传统形式的红木家具上，古色古香，民族气氛浓郁。在环境色较深的情况下，插花色彩以选择淡雅为宜；环境色简洁明亮的，插花色彩可以用得浓郁鲜艳一些。

◎根据季节配置插花的方法

春天里百花盛开，此时插花宜选择色彩鲜艳的材料，给人以轻松活泼、生机盎然的感受。夏天气温炎热，可以选用一些冷色调的花，给人以清凉舒适之感。秋天满目红彤彤的果实，遍野金灿灿的稻谷，此时插花可选用红、黄等明艳的花作主景。冬天的来临，伴随着寒风与冰霜，这时插花应以暖色调为主，给人带来寒冬里的一丝暖意。

绿植

绿植为绿色观赏观叶植物的简称，因其耐阴性强，可作为室内观赏植物在室内种植养护。在家居空间中摆放绿植不仅可以起到美化空间的作用，还能为家居环境带入新鲜的空气，塑造出一个绿色有氧空间。

绿植在角落中的摆放不宜过多、过乱

角落空间的面积一般都较为有限，在摆放植物时切忌太多、太乱，不留空间。一般来说角落内绿化面积最多不得超过角落面积的 10%，这样室内才有一种扩大感，否则会使人觉得压抑；植物的高度不宜超过 2.3 米。另外，在选择花卉造型时，还要考虑家具的造型，如在长沙发后侧，摆放一盆高而直的绿色植物，就可以打破沙发的僵直感，产生一种高低变化的节奏感。

根据植物的姿态确定摆放方式和位置

在进行角落绿化装饰时，要依据各种植物的姿色形态，选择合适的摆设形式和位置，同时注意与其他配套的花盆、器具和饰物间搭配谐调。如悬垂花卉宜置于高台花架、柜橱或吊挂高处，让其自然悬垂；色彩斑斓的植物宜置于低矮的台架上，以便于欣赏其艳丽的色彩；直立、规则植物宜摆在视线集中的位置。

要点 ②

家居角落的软装搭配方案

软装饰是在角落空间硬环境的基础上进行的，其主要目的是运用软装饰艺术思维和技术手段来美化空间环境，根据空间环境进行有效的优化和搭配，促进居住的舒适感和环境的美化。家居软装的装饰作用往往要高于墙面的硬装，并可随时更换、移动，可以使家居环境在不同的季节、不同的节日里具有不一样的氛围。

1　餐桌区域的软装搭配因空间大小而异
2　不同用途的飘窗有不同的软装设计
3　利用沙发区的软装设计改变客厅的整体空间造型
4　阁楼的软装搭配要小而精
5　吧台的软装设计要注意功能性的体现
6　玄关的家具和隔断设计要实用
7　楼梯区域的软装搭配要简练

餐桌区域的软装搭配

不同的餐桌材质可以表现不同的家居风格

家具是餐桌区域最主要、最明显的物品，最能吸引视线，其材质也直接决定了餐桌区域的风格。原木材料的家具表现中式或田园风格的餐区，造型简单时尚的玻璃家具表现现代、简约风格的餐区，厚重造型精致的金属家具适合欧美风格的餐区。所以在餐桌区域，就应对餐桌、餐椅的风格定夺好。

餐桌区域餐具和桌布的选择要体现空间特征

餐具的选择性较多，不同颜色、造型、花纹图案的餐具能够表现不同的餐区空间特色。一些特征明显的餐具材质更是能够直接点亮餐区的特色。而餐桌布则能够辅助表达环境风格，餐桌布宜以布料为主，布艺的舒适感能够使就餐环境变得愉悦，装饰效果也更好。

◎软装搭配要点提示

如果使用塑料的餐布，在放置热物时，应放置必要的厚垫，特别是玻璃桌，否则有可能会引起玻璃桌面受热开裂。

餐桌区域的软装布置可以更加趋近于自然

餐桌的花艺不仅包括以花材为主的插花等花艺作品，也包括具有生机的绿植、自己动手制作的小盆栽等，这些都可以为餐桌环境增加无尽的自然气息。另外，还可以在餐桌上洒一些花瓣、玻璃珠，点缀气氛。

◎餐桌插花器皿的选择形式

餐桌的花器要选用能将花材包裹的器皿，以防花瓣掉落而影响到用餐的卫生。餐桌上的花艺高度不宜过高，不要超过坐着的人的视线，圆形的餐桌可以放在正中央，长方形的餐桌可以水平方向摆放。

Case 案例解析：餐厅区域的家具选择及布置

造型与色彩简洁的餐桌椅形成角落风格

餐厅是家中就餐的场所，家具从款式、色彩、质地等方面要精心选择。本案中的餐椅造型及色彩，与餐桌相协调，并与整个餐厅格调一致。

金属座椅与无彩色搭配，令空间更具现代感

黑白搭配的房间很有现代感，但如果在房间内把黑白等比使用，就显得太过花哨了。以白色的金属座椅为主，黑色地面为辅，局部以其他色彩点缀，空间变得明亮舒畅，同时兼具品位与趣味。

红木材料体现浓郁的中式餐区特色

红木桌椅是实用又大方的木质家具类型，造型简洁，结构舒适，结合地面的回纹装饰展现时尚的餐区特色。

原木家具表现质朴的餐区环境

保留了原木色彩质地的家具，在环境中仿佛是自然的装饰，搭配古雅的灯具和格栅，整个餐区的意境多了一些自然色彩。

◎选购原则

选择餐桌时，除了考虑居室面积，还要考虑有几个人使用、是否还有其他机能。在决定了适当的尺寸之后，再决定样式和材质。一般来说，方桌要比圆桌实用；木桌虽优雅，但容易刮伤，需要使用隔热垫；玻璃桌需要注意是否为强化玻璃，厚度最好是 2 厘米以上。

通过提高木材的明度来提亮餐区环境

宽木板凳也是中式风格特点之一，原木打造的桌椅，通过上漆混油处理，提高了木色的明度，同时也提亮了餐区的环境。

低明度的木家具具有典雅的色彩

明度较低的木家具搭配低明度的地面铺装，整体餐区氛围典雅别致，有乡野的氛围，却没有破旧的感觉。

布艺沙发装饰出温馨的餐区角落

红、蓝、白的三色搭配让餐桌角落有了亮点，同时有层次的色彩搭配也不显杂乱。整个既田园又时尚的餐桌角落显得干净而温馨。

符合人体工学的座椅带来良好的倚坐体验

符合人体工学的餐厅座椅，角度舒适，给人带来良好的倚坐体验；清新雅致的色彩，也与整体空间的配色相协调。

◎布置原则

餐厅餐椅应该使用餐者坐得舒服、好移动的，一般餐椅的高度约在 38 厘米，坐下来时要注意脚是否能平放在地上；餐桌的高度最好高于椅子 30 厘米，这样使用者才不会有太大的压迫感。

(Case) 案例解析：餐厅区域的灯具选择及布置

利用灯具营造餐桌区域的浪漫气息

　　餐厅灯饰选择了造型美观的垂直吊灯，令餐厅达到了浪漫又温馨的装饰效果；此外，吊灯的安装高度也恰到好处。

餐厅的局部照明有讲究

　　餐厅的局部照明要采用悬挂灯具，柔和的黄色光，可以使餐桌上的菜肴看起来更美味，增添家庭团聚的气氛和情调。

◎搭配原则

餐桌区域的灯具选择，一方面在风格上要呼应餐桌区域整体的风格特色；在灯光上，不要选择太明亮、过于刺眼的灯光，以光线柔和的黄色光为首选。

金属灯具与其他材料搭配，使空间设计融合度较高

餐桌区域的电视背景墙色彩和金属灯具的色彩有了呼应，金属灯具的夸张造型在环境中也显得十分低调。

金属灯具成为餐厅中时尚的现代元素

色泽明亮的金属灯具使餐区环境的现代风格更加凸显，透明的座椅也是餐区环境中极具特色的现代元素。

Case 案例解析：餐厅区域的布艺选择及布置

布艺织物使餐桌区域更温馨

布艺织物柔化了餐桌空间中生硬的线条，赋予餐桌空间温馨的格调，在实用功能上又具有独特的审美价值。滑腻的丝绸、干爽的棉布、柔软的毛皮以及手感粗糙的亚麻，是餐桌区域中最具灵活性的装饰要素。

布艺丰富的图案装饰了餐桌角落

餐椅的布艺以及桌面的装饰是角落空间丰富的元素，利用清亮的钢化玻璃作为桌面，提高了餐桌环境的亮度，同时也让丰富的图案环境有了层次，起到了调和的作用。

窗帘帷幔柔化了餐桌环境的冰冷感

靠近落地窗的餐桌，窗户一般都比较大，光线较强烈。窗帘帷幔也是非常实用的布艺形式。帷幔能够装饰整面墙，能为居室中的人们带来心理上的安全感和舒适感，产生织物特有的具有方向感的柔美氛围。

色彩鲜艳的桌布表现优美的田园风格

蓝色的涂料与绿格子的桌布相互呼应，在白色的背景中十分清新。低调的面砖也营造出自然的意境。

◎搭配原则

餐区环境比较特殊，布艺在色彩上要注意避免选择过于热烈或冷峻的，以免影响就餐的心情。其色彩应以柔、温馨为主，质地要与餐桌区域的风格相呼应。

Case 案例解析：餐厅区域的装饰画选择及布置

淡雅的照片墙彰显轻松的餐厅环境

在餐厅内设计轻松明快、淡雅柔和的照片墙，会带来愉悦的进餐心情。无论是质感硬朗的实木餐桌，还是现代通透的玻璃餐桌，与之搭配，都能营造出清爽怡人、胃口大开的氛围。

照片墙的风格与餐桌区域的风格一致

照片墙是餐桌区域的背景，是餐桌环境的一部分，照片墙的风格色彩也直接表现着餐桌环境的风格。所以设计风格一致的照片墙使餐桌环境更加完整。

◎搭配原则

挑选餐桌照片墙的装饰画或照片的时候应注意：画面色调要柔和清爽，画面要干净整洁，组合画应布置得温馨细腻。在半开放式的餐厅中，餐厅的装饰画最好能与其他空间的字画相连贯、协调。

Case 案例解析：餐厅区域的工艺品选择及布置

挂盘装饰令餐厅区域的装饰性加强

利用盘子作为餐厅墙面的大范围装饰，使角落空间的墙面成为视觉焦点；桌面上的小绿植则为空间注入了盎然的生机。

简单的装饰点缀表现整洁的餐桌环境

餐桌区域的环境布置比较简单温馨，工艺品的装饰也应简单，与环境相呼应。在色彩风格上与餐桌上的餐具或布艺等装饰也应相对应，保证餐桌区域的完整性。

◎搭配原则

餐桌区域一般应选择具有生活气息的工艺装饰品，或者与餐厅氛围比较相关的工艺品，以保证餐桌区域的整体环境气氛，例如瓷质餐盘、烛台、钟表等。

Case 案例解析：餐厅区域的绿植、花卉选择及布置

小巧的植物将餐厅装扮得更加唯美

　　餐桌区域布置了许多小巧精致的小盆栽作品，在大花瓶的带领下，整个餐桌环境变得有趣而唯美。

简单的插花作品装饰餐桌环境

　　简单的花艺作品十分随性，仿佛是从自家后花园随意采摘的花束，装扮了舒适的餐桌区域。

◎搭配原则

餐厅植物摆放时要注意的是：植物的生长状态应良好，形状必须低矮，不妨碍相对而坐的人进行交流、谈话。常见的花卉有西洋杜鹃、君子兰、秋海棠等。

飘窗区域的软装搭配

飘窗的家具应以小巧、清新为主

飘窗空间一般都比较小，在家具色彩的选择上应以简单清新为主，避免小空间产生压抑感。另外，飘窗环境比较适合选择小巧精致的家具，家具搭配切忌复杂，要以简单舒适为主。

布艺软装是飘窗必不可少的装饰

飘窗环境若只简单铺装会显得过于单调，也缺乏舒适感，布艺软装的搭配使用使飘窗的环境更温馨。布艺温暖的质感能够改善硬质铺装给人的感受，一些舒适的软垫、抱枕或者温馨的窗帘、帷幔，都能够帮助飘窗实现空间的价值。

利用软装将休闲型飘窗打造成私聊的小天地

① **大型转角飘窗**：先按窗台的尺寸定做一个薄薄的布艺座垫，并用相同色系的方枕沿窗台弧形排列作为靠背，最后在中间摆上一张小茶几，做成一个小小的茶室。

② **客厅飘窗**：如果客厅的飘窗足够大，还能打造成一间专门的休闲娱乐房。隔起来形成一个比较私密的小天地，在上面摆上小茶桌、摇椅等，成为一个集游戏、休闲、娱乐于一体的小空间。

③ **卧室飘窗**：卧室如果有飘窗也可做成茶室，放两个圆形座垫，一个日式的小茶几，两人对坐品香茗，生活妙不可言。

(Case) 案例解析：飘窗区域的家具选择及布置

简单的木质小茶几让飘窗有了禅意

　　飘窗设计简单的木质小茶几，作为品茶会友的小空间，搭配有山野质感的座垫，飘窗小空间充满了宁静的禅意。

木质茶几最能体现飘窗的空间特色

　　具有浓厚中式风格的飘窗环境，使用了独特的木质小茶几作为空间的主要家具。空间内的其他装饰都服从茶几的色彩，突出茶几的作用，整个空间自然安逸。

**独立的休闲外飘窗形成
独立小空间**

　　舒适的休闲椅，搭配
小巧的案几，使飘窗成为
独立的小空间。半开放式
的环境既安全又有良好的
休闲效果。

**卧室飘窗成为舒适的
休闲空间**

　　卧室的飘窗上放置
一张躺椅，舒适的躺椅
让人们可以在这儿悠闲
地躺着看书、休憩，卧
室的休闲功能也得到了
扩大。

◎布置原则

矮飘窗下部做成柜子用来收纳物品，上面铺上垫子，放置小巧的桌子，成为舒适又实用的家居休闲空
间，飘窗环境区域也得到了很好的利用。

Case 案例解析：飘窗区域的布艺选择及布置

飘窗的布艺与大环境相适应

因地制宜的飘窗布艺装饰极为重要。卧室大环境的色彩、风格决定了飘窗的风格，整体性的装饰，让飘窗环境完全融入卧室环境。

飘窗布艺与卧室布艺相辅相成

卧室的整体环境比较素雅，飘窗的布艺也相应选择素雅的灰色。但在色彩明度上又有差异，使卧室和飘窗环境既有融合也有区分。

布艺是庭院风格飘窗的点睛之笔

浅色的卧室环境温暖安静。简单的布艺窗帘，色彩淡雅又有一点活泼的美感，整个卧室环境弥漫着安静、温暖的味道。

布艺窗帘使卧室环境与飘窗有明显的区分

飘窗环境有着轻松氛围。白色的飘窗与卧室的环境通过落地窗帘有了明显的区分，在卧室环境中也表现了不同的功能空间区分。

◎搭配原则

飘窗环境以舒适为主，布艺的选择主要在色彩上要体现飘窗环境的舒适感。颜色的搭配上应突出飘窗环境的层次，布艺的材质以轻柔舒适的材质为主。

靠枕是飘窗必不可少的装饰

飘窗是一处休闲空间，而靠枕作为休闲休憩的好帮手，在飘窗环境中也能够很好地发挥自己的作用。

彩色布艺点缀明亮的现代风格飘窗

大面积白色装饰飘窗，能够让飘窗环境更轻松。而蓝色的抱枕格外显眼，搭配的色彩看似简单却做了巧妙的点缀。

案例解析：飘窗区域的工艺品选择及布置

Case

草编蒲团能够体现和风飘窗

利用马赛克面砖作为和式风格飘窗的铺装，搭配造型简单而又实用温馨的蒲团，使马赛克成为空间的装饰，蒲团的作用也更加突出。温柔的纱帘和精美的茶具也为飘窗增色不少。

蒲团表达出简单自然的飘窗特色

面砖铺装的居室环境和实木铺装的飘窗衔接自然，简单而实用的蒲团使环境更加宁静，蒲团的设计也使和风意蕴更加明显。

茶具让飘窗环境更有意境

　　不论飘窗环境是怎样装扮的，一副极具意境的茶具就能让整个飘窗环境充满了韵味。

精美的工艺品让飘窗更加时尚

　　一些现代风格的飘窗环境可以使用一些精美时尚的工艺品来装饰，简单时尚的工艺品往往就是飘窗环境的点睛之笔。

◎ **搭配原则**

　　并不是所有的工艺品都适合飘窗的环境。根据不同的飘窗风格选择相适应的工艺品装饰，体现飘窗风格的统一。飘窗一般空间面积都比较小，工艺品的体积大小也应当有限制，不要选择过大的工艺品，以免使飘窗环境显得更加局促，小巧精致的工艺品是不错的选择。

沙发区的软装搭配

利用沙发区设计改变客厅的整体空间造型

在客厅中，沙发区是非常重要的休闲大环境，家居生活舒适与否，在一定程度上取决于沙发区的布置装饰。客厅沙发的体积一般较大，沙发区域的设计好坏，可以直接影响到整个客厅的布局。空间较大的客厅可以使用沙发区家具来充当隔断，而小环境的客厅沙发区则应靠墙设计以节省空间。摆放沙发家具也还可以使用一些抱枕、座垫等装饰来修饰沙发的造型，以增加沙发区的舒适度。

休闲家具点亮沙发区轻松的环境

沙发区中的休闲家具是客厅沙发区的主要休息空间，这些家具可以是与沙发配套的单人沙发，也可以是舒适、时尚的单人座椅。大面积的休闲沙发会产生沉闷的感觉，无论如何都要给这个空间留出一些色彩，好让眼睛可以"透透气"，而形式自由的座椅是最好的点睛之笔。在搭配方面要强调空间环境的融合和统一，色彩和材质也应统一，营造出真正舒适的空间。

沙发区的地毯铺设应与茶几摆放位置相结合

在地毯上摆放的家具一般为茶几。铺好地毯后，可以依长度测量中间点，那里就是茶几的摆放位置。另外需要注意的是，地毯价格应占所处位置家具价格的 1/3 左右。

沙发区花艺中的花材持久性要高

沙发区域是家庭布置的重点区域，色彩以红色、酒红色、香槟色等为佳，尽可能用单一色系，味道以淡香或无香为佳。沙发周边的茶几、边桌、角几、电视柜、壁炉等地方都可以用花艺作装饰。

(Case) 案例解析：沙发区域的家具选择及布置

沙发区的家具要注意整体搭配

沙发区在客厅环境中要求具有较好的整体性。沙发区的家具作为空间的主体，也要保证统一性，以环境的风格作为基调，搭配整体的沙发区家具，如本案中的沙发和茶几都带有中式元素。

典雅的木质桌椅展示宁静的沙发休闲区

木质家具的特点体现了最具特色的中式风，柔和的灯光将木质家具衬托得更有韵味，让整个沙发区的环境也更加宁静有质感。

实木家具最能体现中式风格特征

中式风格的家具都是实木材料。造型简单的家具体现环境的简洁大方；橘红色的家具能使环境有亮点，同时也不会显得过分活泼。

实木家具上的雕花使中式特色更加明显

一些回字纹、冰裂纹等镂空雕花在实木家具上的应用，让家具的中式特色更加明显。雕花装饰也让沙发区的环境更有中式古典韵味。

◎搭配原则

家具中的多数要与整体风格相呼应，特别是其中的主要部分。家具并不限制于同一种风格相互搭配，即在一个大风格作为基调之下，可以加入一两件其他风格的家具。家具的色彩选择要兼顾整体。家具之间的色彩搭配要协调，同时也要和室内的色调、气氛相配。

通过茶几的造型改变提升空间特色

木质家具通过造型的改变就能够表达不同特色的空间角落。造型圆润又简单的木质小茶几在整个沙发区域中十分显眼，简单的木色体现现代风格中的宁静氛围。

精美的茶几体现出沙发区风格

茶几虽是沙发区的小配角，但它在空间中，往往能够塑造出多姿多彩、生动活泼的表情。大理石材质的茶几具有清新明亮质感，经过光影的照射，富于立体效果，能够让空间变大，更有朝气。

Case 案例解析：沙发区域的灯饰选择及布置

吊灯打造独特的沙发区空间

吊灯就是悬挂在天花板上的灯具，是沙发区域中最常采用的普遍性照明方式，有直接、间接照射及均散光等多种灯型特征。吊灯因明亮的照明、引人注目的款式，对沙发区的整体风格也会产生很大的影响。

灯饰的组合照亮沙发区小环境

沙发区域中除了主体吊灯外，也还需要一些小灯饰来衬托局部环境。台灯是客厅局部照明的首选，壁灯也是客厅常用的辅助照明工具，也具有良好的装饰效果。通过壁灯从墙面投射的光线，可以减轻视觉的明暗反差，衬托明朗又舒适的客厅环境。

◎搭配原则

沙发区的灯饰要根据整体的沙发空间进行艺术构思，以确定布局形式、光源类型、灯的样式及配光方式。通过精心设计，沙发区灯饰应能满足不同功能小空间的需求和特点。

Case 案例解析：沙发区域的布艺选择及布置

布艺沙发增加沙发区的时尚感

布艺沙发以其时尚的外形、环保的材质受到追捧。其他材质的沙发也可选择使用舒适的布艺沙发罩、抱枕等装饰，以营造温馨的沙发环境。

单色布艺装饰简单又温馨的沙发区

整个沙发区的背景色彩比较明亮，乳胶漆墙面和大理石地板都是明亮的浅色。沙发家具点亮整个区域，毛绒质感的布艺沙发在环境中表现得十分突出。

沙发区软装的运用要体现材料本身的质感和特点

　　沙发区材料的设计要尊重材料的特性，讲究材料自身的质感所带来的配置效果；沙发区中的藤制地毯、布艺装饰等都体现了材料原本的特色和质感，展现协调又实用的沙发区。

沙发区的布艺地毯和靠枕形成呼应

　　浅色的背景自成一体，成为沙发区简单自然的背景，布艺沙发中的靠枕和花色地毯在白色环境中十分突出，二者在纹理上也形成了呼应，展示了沙发区的风格特点。

◎搭配原则

　　沙发区的布艺体现在各个方面，大到布艺沙发、窗帘帷幔，小到一个抱枕、一块方巾。这些布艺的色彩要做好搭配，体现沙发区域的色彩层次。

简洁的布艺打造现代风格沙发功能区

现代风格的沙发区布艺装饰都比较简单大方，以自然干净的纯色为主，造型上也没有过多花哨的装饰，体现现代风格沙发区的功能性。

布艺是欧式风格最常用的材料装饰

欧式风格的沙发区域常给人华贵舒适的感觉，沙发材料以真皮和布艺为主。也常铺上厚重温暖的地毯，来表现沙发区的舒适感。

地毯增加沙发区柔美的感觉

布艺也广泛应用于沙发区的地毯，使整个沙发空间都变得柔软、温暖。沙发区地毯讲究厚重、耐磨，但也应考虑环境的整体装修风格。

布艺地毯展现欧式风格的华贵质感

欧式风格的沙发区域设计也比较注重材质的质感。布艺地毯质感细腻、色泽温馨，让沙发区低调又华贵。

（Case）案例解析：沙发区域的装饰画选择及布置

装饰画营造沙发区的环境趣味

也可以通过装饰画中的意境和书法中的字句趣味，来调节室内的气氛，营造清静惬意的家居环境，找回沉淀在原有生活环境中的浪漫情怀。

利用装饰画来表现沙发区的意境

居家生活中增添清新的字画元素，可以弥补居室内的自然气息。在居室中巧妙布局装饰画，可以给家居环境带来画龙点睛的效果。

◎搭配原则

在选择沙发区的字画装饰时，应根据居室的风格和业主的喜好来选择，以传递出业主的生活品味，同时不同的装饰形式也能够表达不同的室内生活气氛。

案例解析：沙发区域的工艺品选择及布置

工艺品点缀沙发区的风格特点

沙发区是家居环境中最开放的空间，而区域中的工艺饰品是客厅环境的点睛之笔，工艺品装饰应符合沙发区环境的空间特点和风格。

利用工艺品装饰突出沙发区的风格

沙发区的环境布置整体比较低调，风格特点也不是很突出。墙面的金属装饰成为环境中最显眼的装饰，同时也点明了沙发区的风格。

◎搭配原则

沙发区总体上应摆放一些高雅、具有主题性的艺术品，如瓷器、雕塑、民间艺术品等，展现环境浓厚的文化气息。也可以根据沙发区自身独特的风格特点，来选择相应的工艺品装饰。不同种类的工艺品，在摆放陈列时，要注意将其摆放在适宜的位置，恰到好处才能获得良好的装饰效果。

Case 案例解析：沙发区域的花艺、绿植选择及布置

花艺改变沙发区的空间轮廓

沙发区是接待客人来访和家庭成员较集中的活动场所，放置一些温暖的花艺，可以改变家具的轮廓。在沙发角落放置植物，填充了客厅的空间线条，也装饰了环境。

绿植花卉为沙发区带来自然气息

小型的绿植花卉作为展示工艺品，放置在案几上，柔化立面线条。沙发边上放置一些植物，显得环境清淡雅致，也显示出沙发区环境的自然气息。

◎搭配原则

沙发区的花艺装饰应根据不同空间位置因地制宜。放置在桌面的花艺可以选择较大的花瓶花束，成为环境的中心，也可以采用一些小盆栽组合装饰桌面空间。靠近过道的绿植花艺应选择小盆的，避免影响空间的功能发挥。墙角和墙面的装饰可以选择盆栽组合或大型盆栽来装饰。

阁楼区的软装搭配

利用阁楼软装搭配改变阁楼的空间特点

阁楼本身大多是斜屋面、多角度坡屋面甚至墙面与屋顶连体的空间，设计难度或者说限制度比较大。但在设计时可以根据阁楼空间的大小以及主人的使用要求，设计成各种实用功能和意境空间。运用设计手段以及视觉技巧，化低矮为宽敞，化暗淡为明亮，化压抑为开敞。

阁楼的软装搭配具有趣味性

阁楼不规则的特点也给了人们更多的发挥空间，从空间造型、家具、色彩、灯光、自然光等装饰的搭配结合，能够给人以无尽的趣味感，从而化解不规则带来的不适；利用阁楼空间的造型打造独特的小空间特色，结合一些趣味的家具设计，让阁楼空间成为家庭互动的趣味空间。

◎利用灯光增加阁楼的趣味性

对于自然光线不够充足的阁楼来说，灯光的设计也是能够增加空间趣味的一大亮点，可以利用光线的变化改善阁楼空间的气氛。

不同功能的阁楼有不同的软装设计

阁楼空间的具体装饰往往都能够别出心裁，将阁楼设计为不同的功能区就有不同的软装设计特色。阁楼卧室宁静、温馨，就以布艺装饰为主；阁楼儿童房则更多地需要一些儿童的玩具等来装饰；用作休闲空间的阁楼，家具设计以休闲为主，可以搭配更多的休闲装饰。

Case 案例解析：阁楼区域的家具选择及布置

阁楼家具因阁楼功能的差异而有区别

阁楼用作卧室时，家具除了卧室床之外，偏向于较小的书桌、电脑桌、案几等，仅供个人使用的家具。用作公共空间时，家具的特点也有相应的变化。

简约的阁楼家具具有休闲意境

阁楼用作休闲空间，家具的设计分为沙发区和案几区两部分，能够满足不同的休闲环境需要。简约的家具设计也能够让阁楼空间的休闲气氛更轻松舒适。

简约的阁楼卧室也很有意境

　　白色背景下的阁楼卧室整体感觉十分舒适，白色的大环境中，利用床头柜和靠垫做了色彩点缀。整个卧室环境有了层次，同时又显得简约而温暖。

阁楼上插空设计的展示架

　　阁楼上的展示架符合阁楼的坡角，在坡角的空间中插入精致的展示架，成为阁楼书房的书架。充分利用了阁楼的空间，书架的设计也让阁楼有了更多的角度，赋予空间更多的线条变化。

◎布置原则

阁楼家具根据阁楼的用处来选择，同时也要根据阁楼的空间面积来选择。风格上，阁楼环境可以自成一体，整体的家具风格要保持一致。

Case 案例解析：阁楼区域的灯具选择及布置

舒适的灯饰使阁楼书房的环境更加宁静

阁楼书房是家人安静读书、研究的场所，因此灯饰要以舒适、静雅为主。灯饰不宜过大，要与阁楼面积适应。只有大小适中的灯才会使读书者有一种轻松悠闲的心情读书学习。

独特的灯饰使阁楼卧室环境更具特色

阁楼卧室灯饰的光线要柔和，不应有刺眼光，以使人更容易进入睡眠状态。阁楼采光较差，有较好的私密性，使卧室更有安全感。

◎搭配原则

阁楼卧室照明的出发点是以总体照明的主要光源为主，再配以装饰性照明和重点照明来营造空间气氛。一般可用一盏吸顶灯作为主光源，设置壁灯、小型射灯或者发光灯槽、筒灯等作为装饰性或重点性照明，以降低室内光线的明暗反差。

案例解析：阁楼区域的布艺选择及布置

地毯让石材地面变得温馨

阁楼作为会客空间，黑白空间要变得温馨，除了过多的自然装饰外，一件地毯功不可没。地毯的铺设直接改变了阁楼区域的背景质感和感受，给人温馨舒适的环境感受。

布艺的质感影响阁楼环境的气氛

毛绒质感的地毯使阁楼环境更加温馨舒适，同时布艺与木质铺装的地板形成对比，整个空间变得更有层次，环境感受也更舒适温暖。

帐幔令阁楼空间充满浪漫、轻盈的氛围

　　阁楼中的帐幔是一种装饰，但在空间上更具特色。帐幔使用与阁楼卧室风格一致的布艺，会使空间变得更加浪漫。灵活的帐幔形式不会妨碍阁楼的其他功能，也不会影响整体空间的明度。

阁楼的帷幔让环境更加轻盈舒适

　　在阁楼卧室床头设计的帷幔，也是卧室床背景墙的一种装饰，将布艺应用在卧室的墙面，使柔软的布艺在墙面形成自然大气的背景，阁楼环境的舒适性更强。

◎搭配原则

　　阁楼布艺的色彩最好与墙壁色彩有一定的对比性，同时不要选择容易产生视觉疲劳的色彩。布艺不同的面料能够产生不同的视觉效果，应与阁楼的装修风格一致。对于布艺织物的工艺要求也应当依据阁楼的风格来定。

Case 案例解析：阁楼区域的装饰画选择及布置

阁楼卧室中的装饰画营造安逸的睡眠环境

卧室空间在装饰画的主题、风格、组合上不必拘泥，唯一的宗旨就是要营造舒适安闲、温馨浪漫的氛围。

阁楼儿童房的装饰画充满童趣

用作儿童房的阁楼装饰起来也比较有趣，装饰画的选择符合儿童的心理特点和爱好，为儿童营造一个充满童趣又有温馨感的卧室。

◎搭配原则

阁楼的装饰画讲究的是总体协调与局部陪衬并用，通过视觉反差来突出修饰空间的成效。对于不同功能的阁楼空间，装饰画的选择也有差异，应根据具体的阁楼用途选择相适应的装饰画来修饰阁楼环境。

Case 案例解析：阁楼区域的花艺、绿植选择及布置

绿植是装饰阁楼的自然景观

阁楼的绿植装饰是最不可忽视的，绿植应以少而精的点缀为主。阁楼窗前的阳光充足，可以放置一些喜欢阳光的花卉，休闲椅旁可放置高大的绿宝石、杏叶藤等观叶植物，坐在休闲椅中，犹如投入大自然的怀抱。

用花艺作为阁楼的点缀装饰

为显得阁楼空间的宽敞，阁楼花艺也常以点缀的形式出现。小巧的桌面花就能成为阁楼的焦点，与阁楼的硬质材料形成明显的对比。

◎搭配原则

采光较好的阁楼环境，可以选择一些喜光性的绿植来装扮，充分利用阁楼的光线环境。采光不好较为封闭的阁楼环境，应选择一些耐阴性好的植物来装饰，或者使用插花作品。

吧台区的软装搭配

吧台设计要注意功能性

在家居中设计吧台，既作为装饰又增加了空间的功能性。家居吧台不同于酒吧吧台，除了要美观之外还要兼具功能性。例如，面积较大的家居，餐区会分为主餐桌区和吧台区两部分。在吧台区，两人能够随意在这里解决吃饭问题，而不必兴师动众地把饭菜端到主餐桌上。而且可以将吧台下方空间充分利用，制作储物柜或摆放小柜子，令吧台区兼具收纳功能。

利用光线和装饰打造精致的客厅吧台

在客厅里设置一个小巧玲珑的吧台，已经成为一种时尚。如何让设置在客厅的吧台，给人一种异样的情调和华贵感，最经济、有效的办法是运用光线的错落来营造。可以在客厅一角的小吧台上方，安装几盏射灯，再以工艺品或别致的酒杯精心点缀，一个风趣、抢眼的小吧台，顿时展现在眼前。

高脚凳使吧台更加前卫

高脚吧凳是吧台最具风情的一景，如果吧台台面高设计在1.2米以上，则要选择一款别致的高脚凳来搭配。还可以搭配选择一种可以升降的吧凳，它借鉴了办公转椅随意升降的实用功能，在设计线条上也更为简洁、流畅，非常适合追求时尚、前卫一族的家居吧台来搭配。

Case 案例解析：吧台区域的家具选择及布置

原木材料是中式风格吧台的首选材料

传统的中式风格的魅力最能够通过原木材料的家具体现出来。利用原木材料作为吧台的主体，将自然质朴与低调时尚完美结合，吧台氛围更加轻松。

木质吧台奠定居室意境美的基调

很多时候，简单也是一种无法抗拒的美，简单的实木面板打造简约风格的吧台环境，整个居室的环境在吧台风格的影响下，也变得更加有情调。

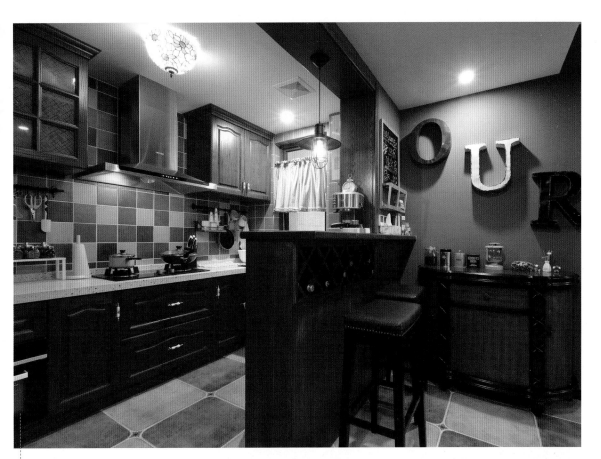

有艺术气息的木质中式风格吧台

中式风格和吧台似乎在很多人心中就是格格不入的两个概念，但是通过木质的使用可以将两个原本就矛盾的物体完美地融合在一起，家居环境的艺术气息也自然地流露出来了。

木质简单打造有意境的简约风格吧台

许多追求生活品质的年轻人喜欢造型简单简洁却十分有意境的简约风格吧台。简单的原木风，成为整个环境的中心，吧台的功能性也更强。

收纳柜和展示柜是吧台生活的好帮手

　　收纳和展示是吧台生活的重要部分，二者相辅相成，许多收纳柜兼具展示功能，而展示柜也会带有一定的收纳功能。收纳柜和展示架与吧台组合出现，十分实用且装饰功能不容忽视。

吧台座椅令空间具有了时尚气息

　　座椅也是吧台重要的家具之一，吧台的座椅一般都与吧台配套出现，座椅的风格特色与吧台台面相一致。座椅的造型应具有时尚的元素，使整个吧台空间更有现代气息。

◎搭配原则

　　吧台的展示架和收纳柜应选择与吧台色彩相呼应或一致的柜体色彩，在风格上照应家居空间中的其他家具，让收纳柜和展示架也具有较好的装饰性，而展示柜也能发挥更多的空间作用。

Case 案例解析：吧台区域的灯饰选择及布置

灯饰增加了吧台的休闲性

吧台为长方形，三盏吊灯设有亮度调节功能与升降功能，可营造出不同的环境氛围，迎合吧台功能。

吧台灯光要有温馨的氛围

吧台是让人放松的家居空间，灯光上宜采用遮光系列天花灯将周边照亮，塑造灯光亮度的对比，营造温馨的灯光氛围。吧台空间也需要安静的氛围，灯光调节应以情调为先。

◎搭配原则

吧台的空间有限制，不适合大型的吊灯，吊灯的设计以小巧的组合形式出现比较适宜，同时搭配使用一些柔和的射灯，辅助吧台的照明。吧台的吊灯应当具有升降功能，可以随意调节高度；吧台灯饰也应当具有自助调节光线变化的功能，使吧台环境更加多变。

(Case) 案例解析：吧台区域的工艺品选择及布置

吧台的餐具也与环境形成统一风格

整体干净整洁的吧台环境，餐具的设计也让人眼前一亮。精美的餐具与吧台环境的气氛自成一体。吧台的环境也显得更高雅有意境。

吧台餐具体现环境的生活气息

吧台是人们休闲放松的地方，餐具的设计自然也需要一些生活气息。利用好餐具的特点，吧台环境在任何时候都充满了时尚又慵懒的气息。

◎搭配原则

吧台的餐具并不只是用来观赏的，也需要一定的实用性。选用干净透亮的玻璃材质，或者是精美细腻的陶瓷材质，这样的餐具既能够通过自身特点体现环境的美感，同时又有很强的实用性。

工艺饰品为吧台带来灵动的美感

　　吧台中摆设的工艺品可以体现主人的志趣与修养。这些工艺饰品一般都用来点缀吧台的小环境，但不宜太杂，以免喧宾夺主。

不同的吧台选择不同的工艺品装饰

　　吧台应根据不同的风格特点，选择相适应的工艺装饰品。吧台中的工艺品一般都摆放在吧台上，放置的工艺品要少而精致，放置得太多会显得环境比较拥挤，影响吧台的环境氛围。

◎**搭配原则**

　　在吧台的总体布置上，工艺饰品的布置应符合吧台雅致、独特个性的环境特点。吧台工艺品以小而精致为主要特点。吧台面积本来就比较小，大型的工艺品会让吧台失去特色。

案例解析：吧台区域的花艺、绿植选择及布置

绿植花卉增加吧台的舒适性

室内的吧台是宁静、雅致的小空间，植物的配置不能够影响空间功能发挥。吧台摆放一盆文竹或水仙花，在墙角花架上放置吊兰、常春藤等垂蔓植物，更能显现吧台角落的雅致。

植物的色彩与吧台环境相搭配

植物的色彩与吧台小空间的装饰应形成色彩和形态上的对比，以减少视觉上的疲劳，增加吧台空间情趣。

◎搭配原则

吧台是别致有个性的休闲空间，设计的花艺植物应简单又雅致。不同风格的吧台要设计不同的花艺形式，可利用花艺提升吧台的环境质感。

玄关区的软装搭配

玄关家具和隔断设计要实用

玄关的另外一个重要功能就是储藏物品。可以在玄关内设置组合家具，比如壁柜、鞋架等，因此在设计时需要设计一处分区，应根据居住者的需求考虑实际设计，充分利用空间，这样的隔断既划分了空间又起到缓冲视线的作用，同时也兼顾了储物收纳功能。

◎玄关家具不宜摆放过多

玄关的面积通常有限，为了制造宽敞感，不需要摆设太多的家具，特别是小户型单元的玄关，宜尽量舍弃一些装饰性的家具。

用小饰品和绿植点亮玄关

一幅油画、一件工艺品或者是一束干树枝，都可以为玄关的设计增添一份趣味和灵气。在墙面上悬挂一组用心拍摄的相片或是一幅精致的字画，或者是在某个角落放置一盆绿色的盆栽，都能从不同的角度反映出屋主的个性、品位和学识。但是设计的效果重在突出主题，应减少繁复的设计，用简单的物品体现最大的美感效果。

玄关灯光设计要突出重点

玄关区域基本都不设计窗户，所以此处不利于光线照射，这就需要人为采用灯光来弥补区域的光线不足。通常采用射灯、壁灯或吊灯，利用安装的位置不同，形成所需要的灯光效果，营造出最佳的生活氛围。

◎玄关灯光应明亮、柔和

灯光应以明亮柔和为主，避免造成阴暗、昏沉的感觉。灯光效果应抓住一个重点，不可星星点点，毫无主题。通常安放一盏主灯，再根据天花造型进行灯带安装，可安装射灯，或是设计精致的轨道灯，也可安装一两盏造型独特的壁灯，以确保门厅内有较好的亮度。

案例解析：玄关区域的家具选择及布置

木质家具装饰的花纹展现中式玄关的古韵

玄关处的座椅和墙面的木质装饰，都采用了镂空的雕花设计，温暖的纹理和图案成为玄关中低调又张扬的装饰。

嵌入式玄关柜集收纳和展示功能为一体

大容量的木质装饰柜与玄关墙面完美融合，既节约了空间，又为空间带来了强大的收纳功能；其间的绿色盆栽则为空间带来了生机。

案例解析：玄关区域的灯具选择及布置

(Case)

玄关的灯饰让居室环境更加完整

玄关过道是室内走动频繁的空间，也常用于展示活动，可采用天花射灯给以重点照明，将视线自然地吸引到展示物上。通常采用基础照明与重点照明相结合的手法形成适宜的亮度比，以营造舒适、宁静的氛围。

利用灯光连接玄关与居室其他空间

玄关的空间构成丰富多彩，对体现居室环境特征起到相当重要的作用，也是居室中不可或缺的空间。因此灯饰照明设计的目的是为了追求与室内其他空间相适宜的空间特征，玄关的灯饰是连接空间的重要形式。

◎搭配原则

玄关的空间有限，在灯饰的设计上有较多的要求。较大的吊灯不适合玄关空间，玄关灯饰以射灯为主，主体照明灯饰应紧贴天花板，以免使环境有压迫感。

Case 案例解析：玄关区域的布艺选择及布置

花纹地毯集实用性与美观性于一体

进门处的花色地毯，既规避了鞋底灰尘带入室内，也美化了空间。与木地板进行合理的搭配，令空间充满了自然的气息。

随意搁置的地毯丰富了地面的视觉层次

随意搁置的地毯，为空间带来了灵动的姿态，丰富了地面的视觉层次，也体现出主人充满创意的想法。

案例解析：玄关区域的装饰画选择及布置

玄关装饰画提升了家的意境

玄关中的装饰字画以具有代表性的、能够营造温馨的入户环境的装饰画为主。装饰画的配画构图应有强烈的层次感和延展拉伸感，在增大玄关空间感的同时，也形成一处入户小景。

利用装饰画改善玄关的视觉空间

利用好玄关空间，也可以为居室内增添别样的色彩。玄关的空间较小，装饰画的设计能够改变人们的视觉空间焦点，改善玄关空间的小空间压抑感。同时又有很好的装饰性。

◎搭配原则

玄关的装饰画在题材内容的选取上，除了具有艺术性、装饰性外，也要偏向具有浓厚文化内涵的主题，以点缀家的意境。装饰画的画幅应根据具体墙面空间的大小来确定，不宜布置得过满。

具有故事内容的装饰画丰富了白色墙面的视觉效果

装饰画的内容非常具有故事性，丰富了白色墙面的视觉效果，不妨与朋友在此共同来一次想象力的大比拼。

大幅花鸟画引领玄关主要表情

玄关的装饰物具有非常明显的层次感，大幅的花鸟画引领着空间主要表情，灯具、装饰盘与桌子都极力与空间主表情相吻合。

案例解析：玄关区域的工艺品选择及布置

玄关工艺饰品点亮居室的风格

玄关是开门后给人第一印象的重要场所，也是平时家人出入的必经之地，不宜放置大型的工艺饰品。空间较大的玄关可以设计展示柜，或将玄关鞋柜作为工艺品的展示平台。

时尚精致的玄关展示架

玄关的端景墙往往与人的视距很近，可以将墙面镂空，或镶嵌空格，作为工艺品的展示架。整体的应用重在点缀达意，切忌堆砌重复，且色彩不宜过多。

◎搭配原则

玄关是入户的第一印象所在，工艺品的选择和摆放应具有代表性，能够直接体现居室的环境特色。工艺品不宜过大，以免使小空间的玄关有压抑感。

Case 案例解析：玄关区域的花艺、绿植选择及布置

绿植为空间演绎出灵动的表情

具有生命力的植物与各色精致的小装饰，共同为空间演绎出灵动的表情，也为玄关空间注入了盎然的生机。

鲜花绿植与木质材料的搭配，彰显出自然、温馨的效果

玄关处的绿植、鲜花，彰显出屋主热爱生活的情怀，与木质装饰柜与格栅相搭配，体现出温馨、自然的视觉效果。

◎搭配原则

玄关植物的选择最好以赏叶的常绿植物为主，例如铁树、发财树、黄金葛及赏叶榕等，同时也可以选择漂亮的鲜花与垂吊植物，如绿萝、吊兰等。

楼梯空间的软装搭配

楼梯区域的软装搭配要简练

楼梯是连接居室空间的小空间，在居室环境中也有着重要的连接作用。空间较大的开放式楼梯，环境干净简练，设计上也以体现环境的大气为主，在软装搭配上要简练，不要设计得过于复杂；空间较为狭窄的楼梯也应设计得简练一些，避免狭窄的楼梯更加压抑。

楼梯设计要注意细节

楼梯的装饰要精致，楼梯的部件要光滑，避免有棱角的地方伤到人；楼梯的踏步之间的尺寸要合适，高度和宽度都要合适，使人在行走过程中感觉舒适；楼梯的扶手设计也要宽窄适宜，使人扶起来比较舒适；在装饰设计上，楼梯的软装设计尤其是家具类要精简，不宜复杂，墙面的装饰可以根据墙面的大小适量增加，但也不要铺得太满，以免使空间太过压抑。

楼梯照明要讲究明暗的合理性

从楼梯所处的位置来讲，给人感觉大多较暗，所以光源的设计就变得尤为重要。主光源、次光源、艺术照明等方面都要根据实际情况而定，过暗的灯光不利于行走安全，过亮又易出现眩光，因此光线要掌握在柔和的同时达到一定清晰的程度。

(Case) 案例解析：楼梯区域的家具选择及布置

休闲沙发令楼梯转角不再显得单调

楼梯下的小空间设计为一处小的休闲区，一个舒适的沙发就让这个休息区看起来很舒适。同时家具的设计也填充了楼梯转角的空间。

装饰性家具令楼梯空间的氛围更加高雅

开放式的楼梯环境十分高雅，在楼梯口放置一架钢琴，表现环境的优雅别致。而茶座的设计让整个环境的高雅氛围更加浓郁。

◎搭配原则

楼梯附近的家具以休闲和装饰为主，家具的风格应适合居室氛围。家具的结构不宜复杂，以简单舒适的家具为主。具有装饰性的家具，要选择与居室风格一致的家具类型，也不宜太夸张，以免使楼梯环境过于突兀。

案例解析：楼梯区域的工艺品选择及布置

艺术品装饰改变过道的空间焦点

楼梯空间的特殊性，使其在设计中有较大的差异。放置的工艺品一般会出现在半开放或开放式的楼梯两侧，楼梯中展示的工艺品不仅是展示主人生活品位的窗口，同时也具有很强的装饰性。

利用工艺品增添楼梯空间的展示效果

楼梯下方的空间也可以设计成工艺品展示架。在楼梯下方设计展示架展示工艺品，也是对楼梯空间充分利用的一种形式。

◎搭配原则

楼梯空间的大小一般都有限，设计的工艺品在风格上应与楼梯风格呼应。工艺品的大小应随着楼梯的开放程度而变化，开放式的楼梯工艺品可以选择大一些的，而较为局促的楼梯可以不放置或者放一些小的工艺品。展示架上的工艺品根据架子的空间大小来确定。

（Case）案例解析：楼梯区域的花卉、绿植选择及布置

用植物填充楼梯转角的空间

楼梯转角的空间过渡比较生硬，一盆中型盆栽的设计，让这个转角显得自然顺畅，同时也能够装扮楼梯空间。

绿植令楼梯转角处不显空荡

楼梯下的空间比较空，镂空设计的楼梯下方采光也较好，在这里放置盆栽，既能够节省环境空间，同时也让楼梯踏板之间有了自然的绿意。

◎搭配原则

楼梯中的绿植装饰应根据不同空间大小因地制宜。狭长的楼梯中，绿植花卉可以改善沉闷压抑感，但选用的绿植应以小型盆栽点缀为主，避免绿植占用大量的过道空间。半开放式的楼梯，绿植的种类及应用形式都比较随意，可根据空间环境特点设置。